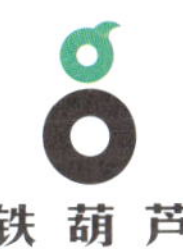
铁葫芦

U0839426

于丹趣品人生

于丹◎著

北京联合出版公司
Beijing United Publishing Co.,Ltd.

图书在版编目（CIP）数据

于丹趣品人生 / 于丹著 .—北京：北京联合出版公司，2016.8

ISBN 978-7-5502-7827-1

Ⅰ.①于… Ⅱ.①于… Ⅲ.①人生哲学－通俗读物 Ⅳ.①B821-49

中国版本图书馆 CIP 数据核字（2016）第 115265 号

于丹趣品人生

作　　者：于　丹

责任编辑：牛炜征

北京联合出版公司出版

（北京市西城区德外大街 83 号楼 9 层 100088）

小森印刷（北京）有限公司印刷 新华书店经销

字数：160 千字　700mm × 980mm　1/16　印张：15.5

2016 年 8 月第 1 版　2016 年 9 月第 1 次印刷

ISBN 978-7-5502-7827-1

定价：39.80 元

新版序——于丹

做个有趣的人

五年前写这本《于丹趣品人生》的动机，是有感于周围的人忙忙碌碌，都说忙得疲惫烦乱，但是又都停不下来。而今这本书再版，周围的人，包括我自己忙碌的节奏都比五年前加剧了一些。有意义的事越来越多，有意思的事越来越少。在这个盛夏时节，我不由得想要进到李渔那座“且停亭”中静一静，回望中国人那千年风烟大历史深处的个人趣味，细细摩挲，那些活色生香的集体记忆到底都隐匿在什么地方呢?

记得十几岁的时候，有位满腹经纶的老先生给我出谜语：“无边落木萧萧下”，打一字。我绞尽脑汁也摸不着边际，还是老先生循循启发，先问：“萧萧”二字若指朝代，那么其下又是什么时代?我恍然明白这是萧衍、萧纲几位南朝梁帝的代称，其下为“陳”，“陳”字“无边”是“東”，“東”字“落木”，就是一个简单的“日”字了。这就是文人的谜语，逻辑一层层推下来，有趣。

后来陆续看到些古人的对联，像“黄狗踏雪，点点梅花落地”对“乌鸦踩泥，片片竹叶朝天”，都是寻常小景，狗爪印梅花，鸦足踩竹叶，真是妙趣横生。再比如“吃西瓜，子往东放”对“看《左传》，书向右翻”，对得绝妙，自己念起来都会忍俊不禁。其实这些也算不上文人雅士的特权，去南通一带就会知道，一代又一代的孩子，在上学前都会念“南通州北通州，南北通州通南北；东当铺西当铺，东西当铺当东西”，朗朗上口，中文的节奏和调性流淌成一种天然的美感，有趣。

再比如赶上溽暑，没有冷气、没有冰箱的古人也能趣味灵动。李渔在《闲情偶寄》中说：“盖一岁难过之关，惟有三伏，精神之耗，疾病之生，死亡之至，皆由于此。”如此炎热酷夏，如何应对是好呢？李渔聪明：“从来行乐之事，人皆选暇于三春，予独息机于九夏。”也就是说每年一个漫漫酷暑都给自己放假，放得彻底决绝。一来和朋友们相约盛夏互不拜访，“夏不谒客，亦无客至。匪止头巾不设，并衫履而废之”；二来寻阴凉处午睡，“或偃卧长松之下，猿鹤过而不知”；三来品茗啖果，“洗砚石于飞泉，试茗奴以积雪；欲食瓜而瓜生户外，思啖果而果落树头”。最有趣的是光着膀子钻到荷塘里，和老婆孩子藏猫猫，密密荷叶，一片清凉。用李渔自己的话说，“可谓极人世之奇闻，擅有生之至乐者矣”，有趣。记得小时候爸爸的床头总有一摞明清文人笔记，不是什么正史，但是逸闻趣事真是多。慢慢地，自己养成了一个心愿：读一些无用的书，做一个有趣的人。

这样的想法是不大敢拿出来劝别人的，因为大家都在为有用的事忙得不亦乐乎。还是拿古人的话来说事儿吧，张潮在《幽梦影》里讲得最好：“能闲世人之所忙者，方能忙世人之所闲。闲则能读书，闲则能游名胜，闲则能交益友，闲则能饮酒，闲则能著书。”

喜欢这段话，真正的悠闲，养着天真气，养着好奇心，养出一份超乎功利的有趣。倘若养得好，未必不是一种生产力。

所以，即使毕生做着有用的事，也并不妨碍我们终于让自己成为一个有趣的人。

推荐序——白岩松

做一些无用的事

此时此刻的中国人，我们，怎么啦？

平静，正前所未有地成为奢侈品，而除了幸福，我们又似乎什么都有；人人匆匆忙忙向前进，又时常困惑：我要去哪儿？

困惑时间长了，就要找一些答案。

一

喝茶、喝酒、听听琴音，这些事儿有用吗？表面上看，还真没用。

从这个时代的追求来看，升官、发财、出名，要做就要做与此有关的事儿，因为有用，而一个人喝喝茶、喝喝酒、听听琴，实在没用。因为，一个人在那儿，既不创造财富，又不营造关系，于是，孤独的人是可耻的，甚至被当作是可怜的。

太多有用的事把无用的事推到了边缘。人群中，人们只愿意结识对自己有用的人。名片上的身份决定了哪一张因无用而该撕，哪一张又因有用而该留。有用的人被人人需要，人群中有趣的人也就越来越少，甚至时间长了，我们的人生都开始干涩无趣起来。无用的事或人，真的无用吗？

二

2011年，海峡两岸交流中的一件大事，是画作《富春山居图》的合璧大展。

年初，我去了浙江小城富阳。那里的人们，人人都在为出自此地的《富春山居图》而骄傲自豪。仔细一聊，这幅大作，是六百多年前的元朝，年过七十的画家黄公望在此山居，用三四年时间完成的。那三四年，我想小城里的人们也在为名忙为利忙，而黄公望与他的画作，不过是一个看似无用的人做了一件无用的事而已。耐人寻味的是，当年这幅画，黄公望正是画给道友无用师的，因此也有人称这幅画卷为《无用师卷》。然而千百年过去，那些一代又一代人做的有用的事，都烟消云散；却是当年那无用的老人，用清静的心和一根又一根磨秃的画笔，留下的画作显赫起来，终成这座城市的象征和最伟大的记忆，并越来越为这座小城带来资金、带来财富、带来关注。一个无用的人送给无用师的画作却真的有用起来。这该是怎样的一个轮回？无用的事，真的无用吗？

三

远方的事，只是一面镜子；当下的路，还得要我们自己深一脚浅一脚地走。

好像什么都有了，可怎么还不幸福？

有人说，想要幸福，三个词很关键——物质、情感与精神。物质是基础，基础不牢，地动山摇。钱不是万能的，没有钱却是万万不能。于是，人们都想夯实这个基础，慢慢产生了一个错觉，以为物质目标实现了，幸福问题就会迎刃而解。可是走着走着，物质基础不差了，国家的 GDP 成了世界第二，小汽车的销量也成了世界第一，但钱包鼓起来的人们却不幸地发现：幸福并没有如期而至，反而渐行渐远。问题出在了哪儿？仔细想想，除了物质，情感与精神这两个层面，您关照得够吗？情感可是幸福的依靠，精神更是幸福的支柱。如果物质是正分，还很高，可情感与精神都是负分，加起来，你的幸福总分会不会是负数？

光做与钱与权与名有关的事，看似都有用，就真的够用吗？

四

我也是临近中年，才知茶的好处。

如果单为解渴，茶不是最好的选择。急不得恼不得，让情急口渴的人早已弃它而去，三大杯可乐下肚，马上去忙别的。

茶也解渴，甚至更解渴，可你要给自己时间。喝茶喝的不是水，而是滋味，时间长了，甚至喝的都不是茶的滋味，而是内心和人生的滋味。不同季节或一日之中不同的时间，对应着不同的茶，像极了生命中或凉或暖的时光。不同的是，生命中的平淡时光占大多数，而心静下来，茶里，却总有滋味。

酒，我既讨厌又喜欢。讨厌的是应酬的酒，却也是周围人群中最常见的。这样的酒，往往醉了都不知酒的滋味。端着为感情为态度为利益而要大口闷下去的好酒，都替那酒可惜，好酒被当成了钥匙。

真正好的酒却让我喜欢，那往往是闲来无事或毫无目的之时，亲朋好友间的小酌，没有名头大小排座次，没有利益在酒中，杯中物才润泽了人生。

琴音更是静下来面对自己的妙品。琴为古物，音乐却是到处都有，可太多都是喧闹的背景，有多少是为你的悲喜而响起?

新闻于我，是事业是功名，可从现实的角度看，常常是必须坚持的苦役。如若没有强迫自己闲下来的爱乐时光，没有同样看似无用的喝酒喝茶甚至发呆的时光，苦役早已不堪重负。于是我逐渐明白，正是这些无用的事平衡了生活中必有的苦，甚至有时觉得这些事才是人生中最有用的事。人生是条单行线，如若只为目的而忘了过程，人生，其实才真的是苦役。

到了该多做些无用的事，为无用的事正名也为人生正名的时候了。

五

道理很多人都懂，但做起来太难，可还是要从道理一点点说起。于丹用她的话语文字，在做这件事。

倒退很多年，她做这件事也许会被人笑话，大教授竟说些无用的事，可今天，面对茶、酒、琴，说历史照当下，却真的该成为教授应做的大事。好的知识分子，应该永远在忧心忡忡中为更好的世态人心做推动。如同好的医生，诊出了病再开药方，虽不一定药到病除，却尽了心力。忙与盲是当下的一种病，做些无用的事，是其中有益的一点儿药方。于丹这件事，做得有用，既反省自己，也提醒众人。在这个时代的折返点上，我们都可以或多或少地受益。当然不一定是所有的聆听者，但哪怕是其中的十分之一，这提醒，这反省，都是功德。

六

茶、酒、琴又或其他，也都只是手段，让心静下来一些，让生命分一些时间给看似无用的事，这才是目标。心不静，幸福来不了；人没有更多与内心对话的机会，生命鲜活不起来。总要有个机会和忙乱告别，那就从看看于丹这些文字开始吧！然后，把这本书放在一边，把更好的人生拿起来。我想，这也该是于丹做这件事的缘起与期待吧！

目录

一山一水一世界

茶之味 ○ 上

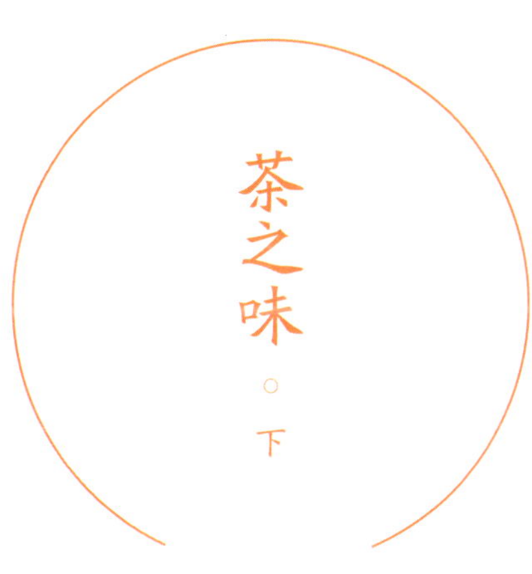

茶之味 ○ 下

酒之品 ○ 上

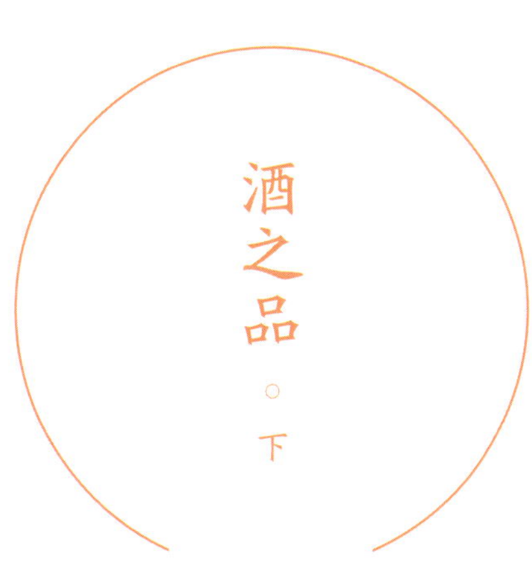

酒之品 ○ 下

琴之趣 ○ 上

琴之趣

○

下

一山一水一世界

在当今社会里，相比于成功而言，幸福已经变成了更为奢侈的一件事。人们追逐成功，而成功却无法带给个人生命价值的全部满足。或许我们缺少的只是一点意趣、一点闲情，缺少了与家人共处的那些闪光的零碎的时间。

如果翻开这本书的朋友恰好有点闲暇的时间，我愿意和您一起坐下来，闲聊几句关于生活艺术的感悟，关于中国人传统生活方式和生活情趣对今天的启发。

我们处在一个有太多选择的时代，每个人对自己的生活都有不同的设计，都怀有不同的梦想，也都在寻找从脚下抵达梦想的那条道路。

不久前，我读到一组颇有意思的数据，来源于2011年中国社会科学院发布的《社会心态蓝皮书：2011年中国社会心态研究报告》。报告分析，在社会发展过程中，每个人实现自我的动力各不相同，中国人最大的生活动力是对子女发展的期望和对个人利益的追求；追求家庭幸福、追求人际优势、追求一生平安、尽力做好本分、实现自我价值、为社会作贡献，分别位列第三至八位，第九项才是追求生活情趣。

这个数据意味深长。我们对子女的期望、个人事业的追求、健康的保障、建功立业的梦想，都是生活中沉甸甸的重量，但追求生活情趣这个指标或许可以让我们举重若轻。在当今社会生活中，生活情趣究竟是一种奢侈品，还是一种必需品呢？

今年夏天，我还看过一份《2010—2011年中国休闲发展报告》。这份由中国国家旅游局和中国社会科学院联合发布的报告，也被称为《中国休闲绿皮书》。报告里说，大约有33.1%的北京市居民没有享受过带薪休假，大约有17.85%的人没有固定的双休日。更有意思的是，80%以上的受访者都表

林语堂（1895—1976年）

福建龙溪（现福建省漳州市平和县坂仔村）人，原名和乐，后改玉堂，又改语堂。著名学者、文学家、语言学家。著有《生活的艺术》《吾国与吾民》《京华烟云》《苏东坡传》《武则天传》等大量作品。

示，如果假期有加倍的薪水报酬，他们宁愿放弃休假而去加班赚钱。

同样是今年夏天，我又得到一组数据，来自于美国有线电视新闻网（CNN），数据罗列了2011年各国带薪休假时间排行榜，巴西、立陶宛平均年带薪假期为41天，排名第一。中国年带薪假期是21天，排名最后。事实上，令人更为惋惜的是，连这可怜的21天，都还有太多太多的人不能得到保证。

生活的艺术

看到这些数据，让人想起上个世纪初一位著名的大学者，一个以幽默享誉世界的中国人——林语堂先生，他写过一本著名的书：《生活的艺术》。

他在书中写道："美国人是闻名的伟大的劳碌者，中国人是闻名的伟大的悠闲者。"以此来描述中国人和美国人巨大的差异。

在林语堂先生看来，历史上，中国人以悠闲的生活方式著称于世，我们不那么汲汲营营，忙于谋利赚钱；相较而言，美国人过分期望事业的成功，过分讲求效率，过分守时，这"似乎是美国的三大恶习"。

话语中有一些调侃意味，但是，时隔不到一个世纪，中国人在世界上拥有了一个更广阔的平台，而在社会经济快速发展的同时，人们的生活节奏也越来越快了。在我们匆忙行走的同时，焦虑和压力与日俱增。林语堂先生曾经坚信："中国有一种轻逸的，一种近乎愉快的哲学，他们的哲学气质，可以在他们那种智慧而快乐的生活哲学里找到最好的论据。"他甚至以此推导："假如不是这样的话，一个民族经过了四千年专讲效率的生活的高血压，那是早已不能继续生存了。四千年专重效能的生活能毁灭任何一个民族。"

那么，在21世纪这个讲求效率的时代里，中国人轻逸愉快的哲学还能够帮助我们吗？

在《生活的艺术》中，林语堂先生还说过这样一句话："社会哲学的最高目标，也无非是希望每个人都可以过上幸福的生活。"

这是一个哲学目标，也是一个生活理想。近两年来，中国政府在整体上追求发展的同时，也提出降低GDP的增长速度，提升幸福指数的社会目标。事实上，在当今社会里，相比于成功而言，幸福已经变成了更为奢侈的一件事。人们追逐成功，而成功却无法带给个人生命价值的全部满足。或许我们缺少的只是一点意趣、一点闲情，缺少了与家人共处的那些闪光的零碎的时间。从这个角度来看，许多所谓成功者的生命版图中填满了头衔和财富，却缺少了灵性和健康。而对我们更多负荷生命重担的普通百姓而言，那些头衔和财富成为了关于成功的简单标签。他们在成为大众心中成功偶像的同时，生命中的荒芜和苍凉却被忽略了。

什么是中国人的理想呢？在林语堂看来，“中国人最崇高的理想，就是一个不必逃避人类社会和人生，而本性仍能保持原有快乐的人”。

我是如此喜欢林语堂先生，如同他单纯而深挚地喜欢苏东坡。

上上个世纪末的 1895 年，林语堂出生在福建漳州一个叫作坂仔村的村落。他的父亲是位牧师，所以林语堂从小就信奉基督教。他在厦门读完中学后，来到上海，进入圣约翰大学。

大学毕业后，这个熟练掌握了英语的男孩向父亲宣告，自己放弃了基督教信仰。他说：“如若一个人承认行善的本身即是一件好事，他即会自然而然将宗教的引人行善的饵诱视作赘物，并将视之为足以掩罩道德真理的彩色的东西。人类之间的互爱应该就是一件终结的和绝对的事实。我们应该不必借着上天第三者的关系而即彼此相爱。”

这个情怀柔软博大的中国人，甚至将宗教看作是阻挡给予世界大爱的一层隔膜。

离开圣约翰大学后，林语堂受聘于清华大学，随后又赴美国、德国攻读硕士、博士学位，他的硕士论文和博士论文都是研究中国古代语法和音韵的。这样一位站在世界思想前沿的学者，却坚持在西洋教育体系下，进行着中国传统文化的研究。他一生用英文写出了《吾国与吾民》《生活的艺术》《京华烟云》《苏东坡传》《武则天传》等杰作，真正做到了“两脚踏中西文化，一心评宇宙文章”。

林语堂先生了解西方思想，热爱中国文化，既是一个人文学者，又是一位科学爱好者，还曾发明了中英文打字机。这样一位了不起的人，他是如何自我评价的呢？

他自称是“西洋的头脑，中国人的心灵”，意指在思维逻辑中，尊重西方的基本思想体系，在心灵的归属感中，他热爱中国——这个悠闲的、睿智的民族。他幽默地建议：“东方人须向西方人学习动植物的全部科学，可是西方人须向东方人学习怎样欣赏花鱼鸟兽，怎样能赏心悦目地赏识动植物各种的轮廓与姿态，因而从它们联想到各种不同的心情和感觉。”今天，当我们重读林语堂先生的《生活的艺术》，会发现他是多么强调中国人的心灵生活啊！

现代人的头脑，充盈着太多太多的知识；现代人的思维，充满了太多太多的逻辑……可是，在心灵的方面，我们也丧失了相当丰富的内涵。

如果翻开字典，找到心字底或竖心旁的字词看一看，就会发现许多耐人寻味的东西。

我们会看到，中国汉字中有如此多的字与“心”有关。比如说思想的“思”，就是“心田”所在；比如说感恩，从心而发，因心而起，才叫恩情；比如说慈悲，也是源自内心。

汉语里还有一些与情绪有关的词汇，也与心有关。比如着急的“急”，思恋的“恋”，焦虑、顾虑的“虑”，还有怀念的“念”，患得患失的“患”，厌恶的“恶”，容忍的“忍”……都是以心为底，都与心有关。

再来看看竖心旁的字词。

憎恨、惭愧、忏悔、恼怒、惶恐、惬意、憧憬、懒惰、懈怠……“心”在旁边站着，说明一切正面和负面的情绪都是心理导致的。这些不是状态，而是心态。

性情是从心而起的，“心”的外边加个“门”，就是烦闷的“闷”。只要一颗“心”还在，我们就有“思”有“感”，就有“性情”，有自己的“憧憬”。这颗“心”要是“亡”了，那就是“忘”。真正的忘记，是指那件事在心里已经不存在了。

更有意思的是“亡”和“心”的另外一种组合，竖心旁加一个“亡”，大家都知道，是“忙碌”的“忙”。许多人忙忙碌碌，忙得没有时间去体味心灵中那些细微的悸动，去体会生命的美妙，这也是一种心不在此的状态。

这是汉字描述的心灵生活，是汉语的微妙之美，也是中国人的生活情趣所在。

虽然中国古代知识中没有西方现代科学对人体器官功能的精准定义，但是我们有属于自己的感性描述，有很多看似天真的说法，绘声绘色，惟妙惟肖。

中国人恭维人时往往会说，“哎呀，你一肚子学问”，文雅一点儿的说法是“满腹经纶”。看一看，人的整个腹腔都可以用来装学问，是不是很现实减梦想等于禽兽。现实加梦想等于心痛。现实加幽默等于现实主义。梦想减幽默等于热狂。梦想加幽默等于幻想。现实加梦想加幽默等于智慧。

——林语堂《生活的艺术》

有趣?

中国人发愁时会说“愁肠百结”“肝肠寸断”，老百姓将“后悔”形象地说成是“悔青了肠子”。在中国人看来，肠子不仅仅是用来消化的，也参与到我们的心灵生活之中。

中国人将真话称为“肺腑之言”，民间说法是“掏心窝子”，肺和心窝不仅仅是用来呼吸和血液循环的，也参与到待人的真诚上。

这就是中国人原本的心灵生活——用五脏六腑支撑着一颗心，如此天真，如此真诚，如此感性。

林语堂在其著作中表达过这样的观点：现实加上梦想，再加上幽默，等于智慧。人们常说，一个人要脚踏大地，头顶天空，就可以去实现理想了。但是，我们恰恰忽略了一个重要元素——幽默。

如果我们顶天立地，生命将不失崇高，但是它轻盈灵巧吗?

如果我们忍辱负重，人生将有所沉淀，但是能举重若轻吗?

我们能否多一点幽默，以化解苦难?

我们能否多一些悲悯，融化僵硬的心灵?

缺少这些元素，无论如何都称不上是智慧。

回头仔细看一看，中国五千年有文字记载的历史，直至上个世纪林语堂所处的年代，中国人经历过一代代沧桑浮沉，甚至经历过民族救亡的抗争，但是那种达观乐天的哲学基因一直蛰伏在血液深处，一有机会就会浮现于从

张潮

字山来，号心斋，安徽歙县人，清代文学家。著有《花影词》《心斋聊复集》《幽梦影》等。《幽梦影》是一部随笔体的清言小品集，20世纪30年代经林语堂等人的大力推介，为世人所熟知，现已被公认为明清小品文学的代表作之一。

容的生活方式之中。21 世纪，我们迎来了一个生活中呈现多元可能的大时代，但这也给每个人带来了为成功奋斗的压力，带来了精神生活的焦灼和纠结。这似乎是社会发展的必然，个人成长的代价。“鸭梨（压力）老大”，这能成为我们放弃悠闲情趣的理由吗？

许多人会说，社会变化如此之快，工作负担如此之大，个人责任如此之重，容不得一丝松懈，又如何空出大把时间去悠闲？

在我看来，悠闲与时间无关，悠闲是内心的一种发现，悠闲是生活的一种乐趣，悠闲是生命的一种节奏。拿捏得住轻重缓急，忙而不乱，这是一种境界。同样的工作，也许别人力不从心，无法胜任，你却能在重重压力缝隙中闲庭信步，悠然自得，有着不败的从容，这才是个人评价体系中真正的成功。因为从容最大的敌人不是外在工作的紧张，而是内在状态的焦虑。

宁静是一种生产力

清人张潮在《幽梦影》中写道：“能闲世人之所忙者，方能忙世人之所闲。”这句话颇有意味，意思是指大家都在忙碌的事情，你能够悠闲地对待它，才会有时间、有心思去满足自己的闲情逸趣。

别人忙碌追逐的你不追赶，别人置之不理的你用心去体会。这是一个发现的过程。发现什么呢？发现一种生活方式，发现生命的质量。《菜根谭》里说："性躁心粗者，一事无成；心和气平者，百福自集。"讲的是同样的道理。

宁静有时也是一种生产力。一个人能够平心静气，就能够获得一种智慧的能量，提高生命的质量和效率。

我曾经看过一个小故事。一个木匠带着一帮徒弟干活儿，干着干着累了，擦汗时挥手一甩，腕上的手表飞了出去，掉在刨花堆里。木工房被刨花堆得满满的，足有半人高，徒弟们停下手里的活儿东翻西找，始终没有找着。

天色已晚，师傅说："算了，先去吃晚饭，明天再找吧！"就带着徒弟们离开了木工房。

一个多小时后，师徒们酒足饭饱，回到木工房，见木匠的小儿子坐在门口，拿着手表说："爸爸，我帮你找到手表了。"

木匠很是惊讶："我们这么多大人，大白天都没有找到，现在黑灯瞎火的，你是如何找到的？"

男孩说："大家一起找，乱哄哄的。你们走后，我一个人坐在黑暗里，听见手表嘀嗒嘀嗒的声音，顺着声音一摸，就摸到了。"

故事很简单，道理却很深刻。想想看，宁静难道不是一种生产力吗？

水静犹明，而况精神！圣人之心静乎！天地之鉴也，万物之镜也。

——《庄子·天道》

《庄子》中说："水静犹明，而况精神！圣人之心静乎！天地之鉴也，万物之镜也。"天地万物是可以映照在我们心中的，前提是心要安静，因为水流就是如此。喧嚣的小溪把碎沫拍打在山崖上的时候，澎湃的大海把浪花摔打在沙滩上的时候，它能照见世界吗？它什么也看不见。

一个人的心里有太多欲望，或是过分在意他人的赞誉和诽谤之语，这颗心就会像喧嚣的小溪碎沫和澎湃的大海浪花，鼓荡着，躁动着，以这样的心看世相和自我，能没有偏差吗？如果不能拥有一份宁静，不能拥有一种闲适，我们能看见生命的本真吗？

安静下来，在中国人本来的生命规律中去发现悠然的欢喜，对今天这个时代而言，也许不只是一件锦上添花的事，说它是雪中送炭也不为过。

"我"到哪儿去了

看过一则中国禅宗公案故事。

有一位公差，押解着一名犯人去京城。犯人是一名犯了戒规的和尚。路途很远，负责任的公差每天早晨醒来后，都要清点身边的几样东西。第一样是包袱，他跟和尚的盘缠、寒衣都在里面，当然不能丢；第二样是公文，

只有将这份公文交到京师才算完成任务；第三样是押解的和尚；第四样是自己。公差每天早晨都要清点一遍，包袱还在，公文还在，和尚还在，我自己也还在，这才开始上路出发。

日复一日，偏僻的小路上经常只有他们两个人在行走，很是寂寞，免不了闲聊几句。久而久之，彼此互相照应，关系越来越像朋友了。

有一天，风雨交加，饥寒交迫，两人赶了一天的路，投宿到一个破庙里。和尚对公差说，不远处有个集市，我去给你打点儿酒，今天好好放松一下。公差心思松懈，就给和尚打开了枷锁，放他去了。

和尚打酒回来，还买了不少下酒菜。公差喝得酩酊大醉，酣酣沉沉地睡了过去。

和尚一看，机会终于来了。他从怀里掏出一把刚刚买来的剃刀，嗖嗖嗖，就将公差的头剃光了。然后，他将公差的衣服扒下来，自己换上，又将自己的僧袍裹在公差身上，连夜逃走了。

对发生的这一切，公差都浑然不觉，一觉睡到第二天日上三竿。醒来后，他舒舒服服地伸个懒腰，准备清点东西，继续赶路。一摸手边的包袱，包袱还在；再看公文，公文也在；找和尚，和尚找不着了。庙里找，庙外找，到处都找不到。公差就抓挠着头皮想：和尚哪儿去了呢？呃？发现头居然是光的！低头再一看，身上穿着僧袍，恍然大悟，原来和尚也在呢！

前面三样都在，第四样就该找自己了。公差又在庙里四处找，怎么也找不着自己，心里就纳闷儿了，和尚还在，我到哪儿去了？

这个故事放在今天来解读，显得格外有意味。

包袱是什么？是我们每个人的物质生活。不管现在的生活水准如何，每个人都希望生活得更好，所以，物质生活的改善会伴随我们的一生，它不会丢。

公文是什么？公文是我们的职业。一个人在世界上安身立命，总要有一个社会角色，要通过一种职业建立与他人的关系，实现自己的价值。这份公文也丢不了，会随时带在身边。

和尚是什么？和尚是我们日复一日做的事。当自我还在时，我们押解和管理着这个囚徒。但是，当我们日复一日地忙碌着，过分专注于一件一件琐碎的事情——自己的事、家人的事、工作的事、朋友的事，就会越忙越忽略自我的感受，不知不觉将自己置换成囚徒。表面上看，和尚还在，日复一日忙碌的事都没有丢，自我却找不到了。

我们忙的到底是什么呢？在我看来，人最想得到什么，就会成为什么的囚徒。有些人特别看重权力，他的精力都用在打通关系、经营人脉上，职位越来越高，官越做越大，到最后就变成了权力的囚徒。有些人特别想挣钱，开始的时候挣钱是为了花，挣到最后它就是个数字，那就变成了金钱的囚徒。有些人一辈子执着于感情，一次又一次地受伤，但执迷不悟，最后就变成了感情的囚徒。往往是你最看重的，一定会把你裹挟进去，让你变成它的囚徒，这时候，“我”就丢了。

李渔（1611—1680年）

字谪凡，号笠翁，浙江兰溪人，明末清初文学家、戏曲家。在明代中过秀才，入清后无意仕进，从事著述和指导戏剧演出。后定居南京，把居所命名为『芥子园』，并开设书铺，编刻图籍，广交文坛名流。著有《风求凤》《玉搔头》等戏剧，《无声戏》《十二楼》等小说，以随笔集《闲情偶寄》最为后人称道。

且停亭中且停停

为什么想和朋友们谈一谈生活方式呢？为什么想在当下说一说中国人的闲情雅致呢？

不是为了让我们拿出大把时光去浪掷，不是为了让我们放弃理想和责任，而是希望大家在实现自我价值的同时，不要丢失自己。人生长路漫漫，如何用中国人的方式，从容踏上旅程？悠闲是一种生活姿态，是一种寻找自我的方式，值得去尝试。

大家在路上行走，在公园里散步，会看到很多亭子。“亭”字旁边要加个“人”才是“停”，漫漫路途中，歇歇脚，落落汗，看看山景再出发，亭子就是让身体休息、心灵放松的空间所在。

清代著名戏曲家、大文人李渔，在家乡浙江兰溪建了一座亭子，取名曰“且停亭”。这个名字的来由很有趣。

传说当年李渔在家乡修建亭子时，得到了许多人的赞助，出钱最多的是当地财主李富贵。财主赞助了资金，就定要给亭子取名，叫富贵亭。

李渔觉得太恶俗，就阻拦说：“且停停。”意思是说，你暂且停一下。

财主说：“我给亭子取了名，你不同意，那你说该叫什么？你不是也没取出更好的名字来吗？”

李渔笑着说："我已说出名字了——且停亭。"

财主还想辩解，李渔说道："且自在这里停一停，歇歇脚，怎么不能叫且停亭呢？这个亭子就叫且停亭了。"

后来，李渔还为这个亭子写了一副对联——名乎利乎道路奔波休碌碌，来者往者溪山清静且停停。

人在名利道路上奔忙，到了这溪山清静中，不妨停一停。这种"停一停"能让我们充充电，让我们歇歇脚，让我们静静心，让我们回头看一看出发的起点在哪儿，让我们向前望一望最终目的又是什么。在亭子里喝一盏茶，养一会儿神，回味一下起点与目的之间，过程本身也是意义，这一路上每一步，真实都是风景。

人生路上到底有多少座亭子？也许那并不是一个具体的地方，甚至不是具体的一段光阴，一盏茶、一杯酒、一段琴曲、一片山水意境，都可以走进去，体会生命中的一种从容。

为了上路时走得更轻松，且自停一停脚步，不要丢了赶路的自己。

曾皙

名点，字子皙，春秋时期鲁国武城（今属山东平邑）人，孔门弟子七十二贤之一，是著名的『宗圣』曾参之父。

天地有长风，生命自浩荡

中国古圣先贤，多是鼓励人们风发扬厉、建功立业的。但即便在儒家典籍中，孔子也提出来君子的人格是“志于道，据于德，依于仁，游于艺”。一个人从道义出发，根据自己的道德驻守，要依照仁爱去畅行天下，但他个人的生命游于六艺，要用艺术化的生活陶冶身心，才真正能够在这个世界上无往不胜。

在《论语·先进》篇中，孔子让自己的学生各言其志。子路、冉有、公西华都表达了自己不同的志向，唯有曾皙一言不发，在一旁悠闲地鼓瑟。孔子对他说，你也谈谈自己的想法吧。

曾皙将曲子奏完，然后“舍瑟而作”，起身对老师说：我的想法跟三个同学有所不同。我内心最大的理想是“莫春者，春服既成，冠者五六人，童子六七人，浴乎沂，风乎舞雩，咏而归”。

这句话用现代语言表达就是：暮春三月，换上春衣，与一帮朋友，带着几个学生，一起去刚刚解冻的沂水边洗洗头发，登上高高的舞雩台吹吹风，敞开心扉，感受大地的生机，然后唱着歌谣，踏青归来。

这样悠闲的梦想，连孔夫子也喟然长叹：“吾与点也！”我的理想和你一样啊！

地载万物，天垂象。取财于地，取法于天，是以尊天而亲地也。
——《礼记·郊特牲》

儒家讲求内圣外王，内心首先要做圣贤，才能将君王之道、治国之道的美政理想施行于天下。内心的操守就是一种涵养，这种涵养很多时候关乎天地，关乎性情。所以，儒家希望在春风浩荡时，去感受自然山水，与道家"独与天地精神往来"的态度殊途同归。只有天地精神入心入怀，人才会真正明白"天地有大美而不言，四时有明法而不议，万物有成理而不说"。

人在自然中，谁说只是一种散淡？在散淡中悟出深深的道理，才能够真正享有这样韶美的时光。

这让我想起开头所说的带薪休假。现在休闲的方式有很多种，茶楼、咖啡馆、酒店、SPA房，有各式各样方便舒适的设施，都能提供休闲放松的空间，但是，如果从孟子"养天地浩然之气"的角度看，最好的休闲还是归于山长水阔。中国的山水对人的教育和影响，即所谓"破万卷书，行万里路"，读破万卷书，只学得知识，而踏遍万水千山，才能颐养胸襟和心性。

什么是闲适呢？真正的闲适，就是让山水入怀，让自己的生命浩荡。

《礼记·郊特牲》里有这样的记载："地载万物，天垂象。取财于地，取法于天，是以尊天而亲地也。"也就是说，大地上呈现的万象与苍天呼应，衣食住行等维持生存需要的东西，都是大地生长的，但是社会的法则、人生的规则是要探问于天的。

《礼记》的这个说法与道家的"人法地，地法天，天法道，道法自然"如出一辙。所谓尊天亲地，就是对天要有尊崇敬畏之心，对大地要有亲近爱

苏轼（1037—1101年）

字子瞻，又字和仲，号东坡居士，四川眉州人，北宋文学家、书画家。与父苏洵、弟苏辙合称『三苏』。苏轼在文学艺术方面堪称全才，其文汪洋恣肆，与欧阳修并称『欧苏』，为唐宋八大家之一；其诗清新豪健，善用夸张比喻，与黄庭坚并称『苏黄』；其词开豪放一派，与辛弃疾并称『苏辛』。诗文有《东坡七集》等，词有《东坡乐府》。

护之情，不能为一时的利益无度索取，这是从《礼记》流传下来的中国人对于天地的看法，也构成了中国人山水观的基础。

阴阳五行说认为，天地山川各有对应，山川分割为地象，配星宿分割为天象，相互映照。“山环水抱必有气”，人游的不仅仅是静穆的山水，而且应该感触到隐隐的山水之气。

孟子提倡颐养的浩然之气来自于天地，一个人只有将自己的性情涵养好，才能够做一个顶天立地的真君子。这也是一种“内圣”的修养。

人要养气就必须亲山临水，走到大自然中去。因为在行走中，眼随景移，心随景动，胸襟和眼界自会不同。孔子登东山而小鲁，登泰山而小天下。为什么他会有这样的感慨呢？因为泰山为五岳之尊，站在泰山之巅，天下尽收眼底。大家都有这样的体验，人站在矮处，视野会很狭小，站得越高，就会看得越辽阔。都市空间逼仄，唯有在山水之间，才能得到一种心灵的成全；唯有在山水之间，才能养出博大的胸怀。

苏东坡有词说：“一点浩然气，千里快哉风。”人在安静时，内心涵养了天地浩然之气，就会生命从容；行动起来时，乘风千里，快意人生。“千里快哉风”是何等痛快淋漓！当今人们的种种烦恼，都是因为静的时候不庄严，心里总有些东西放不下，嘀嘀咕咕、犹犹豫豫；动的时候自然不麻利，拖泥带水放不开。

儒家、道家，合乎一辙都爱山水，佛家也有一说，叫作“山水礼佛”。

王维（701—761年）
字摩诘，祖籍山西祁县，盛唐时期著名诗人。开元九年（721年）中进士，任太乐丞。后官至尚书右丞，世称『王右丞』。其诗文、书画成就都很高，苏轼赞他『味摩诘之诗，诗中有画；观摩诘之画，画中有诗』。晚年无心仕途，专诚奉佛，故世人称其为『诗佛』。著有《王右丞集》，存诗400余首。

中国佛学讲究“戒”，讲究“定”，讲究“慧”，都可以在山水礼佛中得到修炼和参悟。

大家都知道一个佛学三境界的公案故事，讲的是如何在山水之中参悟禅道。第一阶段，觉得看山就是山，看水就是水，没什么不同；然后再去研读佛经，参悟佛理，再看，就觉得看山不是山，看水不是水。这已是很高的境界了，但还有比这更高的境界。一旦参透禅理，看山只是山，看水只是水，山水依旧，但人的心境已经超越山水。

亲山临水听鸟鸣

王维有诗说：“山路元无雨，空翠湿人衣。”这是多么细腻微妙的人生体验：林间小径，天气晴好，而山岚雾气重重，走着走着，衣襟不知不觉中竟然变湿了。

坐在客厅里看旅游风光片，躺在床上翻旅游杂志，能有这样的感受吗？我们在如此干燥、喧杂、空气中充满尾气灰尘的都市中，能有此体会吗？不走进山中林间，怎能知道流淌在你眼前苍翠欲滴的颜色原来是可以沾湿衣襟的？

中岁颇好道，晚家南山陲。
兴来每独往，胜事空自知。
行到水穷处，坐看云起时。
偶然值林叟，谈笑无还期。
——王维《终南别业》

王维还有诗曰：“月出惊山鸟，时鸣春涧中。”一首《鸟鸣涧》，写得如此生动美妙。在都市的汽车喇叭声里我们能听见这样的鸟叫吗？真正的静不是死寂一片，而是幽远之中一声两声山鸟啼鸣，即所谓“鸟鸣山更幽”。

曾看到过一篇新闻报道，说城市里的鸟嗓门儿比山里的鸟要大好多倍。为什么呢？因为在繁杂喧嚣中，如果不提高声调，彼此都听不见。在充满了噪音的都市里，即便依然有鸟鸣，已全然没有了萦旋于山中时的轻盈和婉转。

杜甫说：“一重一掩吾肺腑，山鸟山花吾友于。”这一丘一壑，那一重一掩，就好像我胸中的肺腑；这烂漫山花，缤纷山鸟，都是我的邻人朋友。山鸟山花含情，在生命中须臾不离，连离乱中伤心时都相随相伴：“感时花溅泪，恨别鸟惊心。”

中国人赏花观鸟是与人同感同乐的。所谓“山光悦鸟性，潭影空人心”，鸟儿欢欣起来的时候，人心中也油然有了一种舒畅；而人生更迭，世事沧桑，仍然是青山有知的。所以刘禹锡在《西塞山怀古》中说：“人世几回伤往事，山形依旧枕寒流。”人生几番更迭，但山水依旧还在那里。

陆游有诗云：“山重水复疑无路，柳暗花明又一村。”只有行经山重水复，才会有柳暗花明的感悟。现代都市中，高楼林立，道路繁复，高速路上只有一个又一个收费站，我们还能看见“又一村”吗？与此有同样意境的是王维的“行到水穷处，坐看云起时”，水流尽了，云由此处升起。云烟水流

谢朓（464—499年）

字玄晖，陈郡阳夏（今河南太康县）人。南朝齐时著名诗人，与同族诗人谢灵运齐名，世称『小谢』。诗风清新秀丽，尤以山水诗成就最高。

之间，不也是一种妙契自然的更迭变化吗？

苏东坡观庐山，寻常中与众不同。“横看成岭侧成峰，远近高低各不同。不识庐山真面目，只缘身在此山中。”这首《题西林壁》实则是一首禅诗。一片峰峦，横着看连绵成岭，侧着看就是孤峰，远看是一种样子，近看又是一种形状，哪个才是它的真面目呢？也许只有跳出来，从更高的角度，才能综观明白。如果“身在此山中”，就永远被“山”所困扰。

诗仙李白也说庐山：“日照香炉生紫烟，遥看瀑布挂前川。”山上的空气飘浮，眼不能见，却在日光映射下有了颜色，有了生机。远远望去，仿佛紫色轻烟从静穆的香炉中袅袅升起。瀑布是自然水流，跌宕起伏，却被他用了一个“挂”字，刹那凝固，宛如一幅长卷挂在前川。一动一静之间的幻化，是我们从旅游杂志上一帧帧照片中能体会到的吗？是我们道听途说能够感受到的吗？如果不亲山临水，不进云雾庐山，能有这样的切身感受吗？

山长水阔，天高地迥。人走在好山好水里，会有不同的感受。

谢朓感受到“天际识归舟，云中辨江树”，微茫遥远的天际归舟，有一种特别的温暖，因为在悠悠辨识之间，它承载了你的盼望；隐约的林木似乎和云彩融为一体，别有一番水墨景致。

才华横溢、生性狂傲的李白，从不掩饰对谢朓的热爱。他在诗句中写道：“解道澄江静如练，令人长忆谢玄晖。”白云映水，露滴秋月，李白独上高楼，远眺金陵城外，江天一色，谢朓的名句“余霞散成绮，澄江静如练”

恍然目前，不禁悠然神往。那个数百年前已道尽眼前景心中事、与我心意相通的人，该是怎样丰姿俊朗、风华绝代的人物啊！

李白在宣州谢朓楼上赞叹：“蓬莱文章建安骨，中间小谢又清发。俱怀逸兴壮思飞，欲上青天揽明月。”

想一想，诗风俊逸清朗的谢朓如若不在山水之中，又怎会“赏心于此遇”？此等美景，若非亲眼所见，必然不能与心灵融合。

所以，现代人回归自我的途径之一，就是回归自然，循着山水走到内心深处，才能够感觉到与生命有如此亲近而深刻的融合。

“人生有情泪沾臆，江水江花岂终极”，山水成为沉默见证沧桑幻化的载体。在中国人的宇宙观中，宇是空间，宙是时间，在辽阔的空间中看见了古往今来。

盛唐一个春花烂漫时节里，杜甫站在蜀中楼头兴慨：“花近高楼伤客心，万方多难此登临。锦江春色来天地，玉垒浮云变古今。”一眼看见“春色来天地”，是空间转换；“玉垒浮云变古今”，是时间的流淌。

这一时空规律早在春秋时代就被孔子道破：“子在川上曰：‘逝者如斯夫！’”他眼前所见，究竟是流水，还是一束永不回头的流光？人的生命光阴就是这样浩浩荡荡，一去不返。

也许，走出书斋，走出都市，也就走出了狭小的自我，给自己一个职业以外的视角，在更广阔的空间才能一眼望断古今。

有我之境，以我观物，故物皆著我之色彩。无我之境，以物观物，故不知何者为我，何者为物。

——王国维《人间词话》

看见四季的表情

什么是中国人所推崇的意境呢？美学大家宗白华先生认为，“意境是造化与心源的合一”，“是客观的自然景象和主观的生命情调的交融渗化”。“外师造化，中得心源”，外在有造化，内心有源头，只有主客观交融在一起，才能称为意境。

国学大家王国维认为，意境可以以我观物，处处皆著我之色彩；也可以以物观我，让自己融入自然。这种意趣悠然心会，妙处难与君说，如果不是自己的切身感受，我们又如何能够懂得呢？

在山水美学上，讲究三个必备条件，即所至、所赏、所感。第一步是自己必须身处山水之中；第二步是用你的眼睛和心灵去观赏；第三步是调动全部的生命去感受。

生活需要一点悠闲的情趣来调节紧张的律动，但情趣不是与生俱来的，而是从生命中涵养而出；情趣也不是在斗室里酝酿出来的，而是在天地间自然滋养而成。情趣的养成，是对生命的唤醒，继而提升个人与宇宙间的通灵与感悟。

什么是山水？苏东坡说得好，山水“虽无常形而有常理”。不同地方，山水亦不相同，而且永远在变，就是所谓“无常形”。但是，它有常理，只登山则情满于山，观海则意溢于海，我才之多少，将与风云而并驱矣。

——刘勰《文心雕龙》

要你愿意看，一定能够看出它蕴含大道。

李白说："相看两不厌，只有敬亭山。"一个人和一座山峦，可以一直对坐对视到"众鸟高飞尽，孤云独去闲"。人与山川之间，那份凝视永远不会有厌倦。所以，辛弃疾说："我见青山多妩媚，料青山见我应如是。"这是何等浪漫温柔！

"登山则情满于山，观海则意溢于海"，人在山上会感觉高尚，在海边会体味到壮阔。四时不同，山水各异，这样走下来，生命中自然会多出一份情趣。

大家在谈起旅游时，有人提议：咱们上黄山吧！就有人说：黄山我去过了。再有人提议：庐山呢？也许就有人答：庐山还没去过，得去一回！在很多人的观念里，风景名胜，去过一回就不用再去了，还有很多名山大川没有去过呢！

一座山、一条河，去过一次就懂得了吗？

看山游水，四时不同，所蕴含的寓意不同，你所感受到的情致自然也不同。北宋著名山水画家郭熙有一说法，叫作"春山烟云连绵，人欣欣；夏山嘉木繁阴，人坦坦；秋山明净摇落，人肃肃；冬山昏霾翳塞，人寂寂"。春天山间有烟云，烟云起时，人心中就有一种欢欣，随着烟云一起升腾；夏天山上枝繁叶茂，阴凉之处，有一种磊落，人也坦然；秋高气爽，落叶飒飒，心中有肃穆之感；冬天的山，虽是枯色，恰恰能在寂寥中感受到悲怆的春山如笑，夏山如怒，秋山如妆，冬山如睡，四山之意，山不能言，人能言之。

——明末清初画家恽南田

王勃（649—676年）

字子安，绛州龙门（今山西河津）人，唐代诗人。王勃出身望族，为隋末著名学者王通之孙，自幼被誉为神童，十四岁就应举及第。与杨炯、卢照邻、骆宾王并称『初唐四杰』。其诗气象浑厚，音律谐畅，开初唐新风；其骈文绘章绨句，对仗精工，以《滕王阁序》最为知名。

辽远。

山的四时都是有表情的，如同人的心境。春山如笑，夏山如怒，秋山如妆，冬山如睡。

春山如笑。你相信一座山峦会绽放笑容吗？花开了，鸟叫了，万物蓬勃了，流水叮叮咚咚，你不觉得这是春山的表情吗？

夏山如怒。草木疯长，夏花盛放，夏天是充盈的，又是蓬勃的。那蓬勃就是一种怒放，生命到了鼎盛，到了极致。

秋山如妆。四季色彩莫过于清秋。秋天的山斑斓多彩，深深浅浅，浓浓淡淡，宛如美人严妆。

冬山如睡。大地沉默，在积雪覆盖下睡去，休养生息，为来年积蓄能量。山川也沉静下来，在寒风中睡去，酝酿情绪，为明年早春再露出笑容。

你能说四季的山川没有变化的容颜吗？正如王勃在《滕王阁序》中说：“天高地迥，觉宇宙之无穷；兴尽悲来，识盈虚之有数。”既然山四时表情都不同，我们走遍千山，心中自然会装着不同的情趣，也就能体会到万物变化的规律。

《菜根谭》是明代还初道人洪应明收集编著的格言体文集，融合了儒、释、道三家的哲学思想，内容以做人处世的道理为主，是一部充满智慧哲理的佳作。作者以『菜根』为本书命名，意谓人的才智和修养只有经过艰苦磨炼才能获得，正所谓『咬得菜根，百事可做』。

嚼一嚼菜根的香

山水之间，不仅有人，还有其他各种生命，有游鱼，有飞鸟。“鱼得水游，而相忘乎水；鸟乘风飞，而不知有风。识此可以超物累，可以乐天机。”体味过膏粱厚味之后，《菜根谭》中的这句话宛如细嚼菜根的一点香。

鱼在水中游弋，天天沉浸在水里，不会感觉到水的存在；鸟在天上飞，也不会觉得周围有多少障碍，有多少阻隔。人亦如此，行遍山水，见飞鸟在天，见游鱼在水，领悟了其中的义理，便可以超越种种物累，获得天赋的人生乐趣。释放自我，游于山水自然之后，心也许可以放得更空一些！

《菜根谭》上还有这样一句话：“耳根似飙谷投响，过而不留，则是非俱谢；心境如月池浸色，空而不著，则物我两忘。”在空空的山谷中，风的声音从耳边掠过，不知不觉就飘远了；世间是非，今天夸你明天骂你的流言蜚语，如果你能像置身在山川中，那么任何毁誉都会归于清风，不会侵扰你的内心。月色不在水中，水中也无月，人看水中的月色，最后会忘了水月，也忘了自己，这叫作“物我两忘”。

种种感悟，说出来只是一言两语，我们走进去，却是万般兴慨，而这些不亲临山水怎么会体会得到呢？

我们不是古代的隐士，没有大把的光阴在游山玩水中浪掷，总归还要回到都市与秩序中。我们一次次出发，是为了一次次归来。人走出去是为了寻觅，而归来时必定带着妙悟。当我们从山水自然回到岗位上，回到角色里，心或许就多了一份从容。

“静中静非真静，动处静得来，才是性天之真境；乐处乐非真乐，苦中乐得来，才是心体之真机。”这是《菜根谭》中的一段名言。在山里安静不算静，只有回到都市，身处熙熙攘攘的写字楼中，周围都是喧嚣，你心依然安静，那么你才懂得什么是真安静了。大家活得平平顺顺，锦衣玉食时说快乐，不是真乐，能苦中作乐，才算是得到了快乐的真谛。

在喧嚣中保持安静，在坎坷困顿中不失大度，此时此刻，胸襟才算真开阔，闲情逸趣也就养成了。

反观天地，什么叫“取财于地，取法于天”？《菜根谭》云：“天地寂然不动，而气机无息少停；日月昼夜奔驰，而贞明万古不易。”天地是不动的，但它的阴阳之气没有一刻停止过；太阳、月亮一直在流变，但日月更迭之间，光阴若画。个体的小生命、小世界能否合上万古历史、日月天地这个大循环？人能不能让自己变得生机勃勃，让生命气息不停顿，让人格永显光芒？这是天地山川、时间长河给我们的昭示。

“故君子闲时要有吃紧的心思，忙处要有悠闲的趣味。”君子悠闲时心中要有那么一点责任，不能懈怠，要有时不我待的紧迫感。但更重要的是，真忙碌起来时，也不能湮没了用以平衡的那一点悠闲的趣味。

刘禹锡（772—842年）
字梦得，洛阳人，唐代中晚期著名诗人，有『诗豪』之称。其作品以《陋室铭》最为著名，表现了作者不与世俗同流合污、洁身自好、不慕名利的生活态度，安贫乐道的隐逸情趣。『铭』是古人刻在器物上用来警戒自己或称述功德的文字。

这句话说出了一个真意：悠闲是一种趣味，是一种发现内心的能力。通俗一些来讲，悠闲是在日常生活中不失烂漫之心，保持着赤子般的天真，保持着孩子般的好奇，琐细的日子就会熠熠生辉。洪应明在《菜根谭》中说“交友须带三分侠气，做人要存一点素心”，交朋友要交豪爽的人，做人不要失去烂漫天真。这也就是孟子所谓的“大人者，不失其赤子之心者也”。

我们在山水自然、日月星辰的更迭中陶冶了性情，最终还是要回到今天。回到办公室，回到家里，我们又看见了喧喧扰扰，又看见了无尽烦扰，又看到了各种心机和谋略，又开始担忧房贷没有还完，担心孩子会挂科，担心自己职位被人觊觎，担忧家庭矛盾如何化解，担忧自己身体的病痛……一切困顿和矛盾并没有因为我们去亲山临水一番而消失。但是，如果你真正敞开心扉，游历归来，心境定有改变。即使你的生活还是过去的样子，但你已能在生活中发现趣味了。

大家读中学时都背诵过刘禹锡的《陋室铭》。他在小小陋室中怡然自得，不求豪奢，不求改变，而是乐在其中。“山不在高，有仙则名。水不在深，有龙则灵。斯是陋室，唯吾德馨。”别看这小小的房子，“苔痕上阶绿，草色入帘青。谈笑有鸿儒，往来无白丁”。点点绿色，让人能够归于自然。更重要的是，富足在于人气，与刘禹锡往来谈笑的人，都有自己的精神操守，都有自己的情趣境界，彼此情投意合。这小小的空间，没有精美的装修，没有昂贵的家具，但是“可以调素琴，阅金经。无丝竹之乱耳，无案牍之劳形”。

子欲居九夷。或曰：『陋，如之何？』子曰：『君子居之，何陋之有？』

——《论语·子罕》

欧阳修（1007—1072年）

字永叔，江西吉州永丰吉水人。在滁州时自号醉翁，晚年自号六一居士。北宋时期的政治家、文学家、史学家和诗人，『唐宋八大家』之一。其诗、词、散文均为一时之冠。

这就是最好的住所，最好的岁月，不繁杂，不忙碌，弹一弹素琴，读一读佛经，人生足矣。

这样的日子，这样的人生，上古有之。

孔子要去居于夷狄之地时，很多人就阻止他，说："陋，如之何？"那么一个粗鄙的地方，你去干吗？孔子说："君子居之，何陋之有？"一个地方再简陋，真君子去了，它还简陋吗？这句话有两重含义。第一，君子之心安顿于道德、志向、理想，所以不在乎简陋；第二，即使简陋，以富有情趣的君子之心还不足以改变它吗？所以，君子是富足的人，不在乎钱财；君子是无惧的人，有自己的心灵生活，用自己的心情趣味就可以改变物境。

抓住"不亦快哉"的瞬间

大家熟悉的文学家欧阳修，晚年到了滁州，原自号"醉翁"，后改为"六一居士"，许多人都不解，不知道"六一"到底是何意。他说："吾家藏书一万卷，集录三代以来金石遗文一千卷，有琴一张，有棋一局，而常置酒一壶。"这是五个"一"，然后他又说，"以吾一翁，老于此五物之间，是岂不为六一乎？"还有我这么一个老头，就老在这五样东西里，加在一起就是

金圣叹（1608—1661年）

明末清初苏州吴县人，著名的文学家、文学批评家。金圣叹的主要成就在于文学批评，对《水浒传》《西厢记》《左传》等书都有评点。金圣叹评注《西厢记》中『拷红』一折时，对书中人物红娘的率直言行大为赞赏，并言及世上畅快事，列举三十三则。

六个“一”，所以叫“六一居士”。

这是一代文豪晚年所过的日子。他的富奢在于他的藏书，在于简单的琴、棋、酒，加在一起就是他会老于此中的今生，就是他所得意的暮年。之所以可以安闲终老于此，最关键之处就在于他有自得其乐的趣味。

那么，假如我们没有这许多藏书与金石遗文，寻常百姓生活里的趣味何在呢？

在我看来，趣味是一种发现。

大家也许读过金圣叹的三十三则“不亦快哉”，说的是那些让他大喜过望的事情。这都是些什么事呢？我们拣几项来说一说。

“十年别友，抵暮忽至。开门一揖毕，不及问其船来陆来，并不及命其坐床坐榻，便自疾趋入内，卑辞叩内子：‘君岂有斗酒如东坡妇乎？’内子欣然拔金簪相付。计之可作三日供也。不亦快哉！”

有一天，十年不见的老朋友在傍晚时分突然造访，开门一作揖，来不及问好，主人就急急地跑到里屋，揪住自己的太太问，咱们家还有酒吗？你能赶紧给我准备出酒来吗？太太拔下头上的簪子说，你拿这个去换酒吧。主人一看这个金簪子，岂止够今天晚上一顿酒，甚至都能喝上三天，所以大喜过望，不亦快哉。他的不亦快哉并不豪奢，无非是突然有朋友来，自己的太太很贤惠，当了首饰换酒，这就足以让他欣喜万分。

“空斋独坐，正思夜来床头鼠耗可恼，不知其戛戛者是损我何器，嗤嗤者是裂我何书。心中回惑，其理莫措，忽见一狻猫，注目摇尾，似有所睹。敛声屏息，少复待之，则疾趋如风，揑然一声。而此物竟去矣。不亦快哉！”

一个人在书房里坐着，正在为夜里闹耗子烦恼，不知道它嘎嘎嘎咬了我什么家具，也不知道它嗤嗤嗤撕了我什么书。正在想时，见到一只大猫在那儿注目摇尾，好像看见了什么，突然疾趋如风，嗖的一下子冲过去，然后听到小小的“吱”的一声，耗子就被叼走了。哎，如此简单的时刻，居然也让金圣叹“不亦快哉”！

再看一则，“冬夜饮酒，转复寒甚，推窗试看，雪大如手，已积三四寸矣。不亦快哉！”冬天寒夜饮酒，冷得不得了，推开窗一看，原来是下大雪了，哎呀，心中不禁大喜。这是寒冬之快。

“夏日于朱红盘中，自拔快刀，切绿沉西瓜。不亦快哉！”红漆盘子切绿西瓜，一刀下去，听着它嘎嘎裂开的声音，这是盛夏之快。

还有什么“不亦快哉”的事呢？

“推纸窗放蜂出去，不亦快哉！”屋里进了马蜂，推开窗放了出去，心里便高兴，多么单纯的快乐啊。

“做县官，每日打鼓退堂时，不亦快哉！”下班了，难道不应拊掌称快？

“看人风筝断，不亦快哉！”呦，看别人放风筝，放着放着，风筝线断了，也觉得高兴，有着顽童的恶作剧心理。

“还债毕，不亦快哉！”终于将债还完了，自然是高兴。

认真读一读金圣叹的三十三则“不亦快哉”，相信大家都会由衷感动。贫寒岁月里一些不经意的瞬间，在许多人看来是愁苦不堪的时刻，他居然能拍案惊叹，不亦快哉，是人生的一大境界。

什么是闲情逸致呢？闲情逸致其实很简单。每个人试着给自己布置一道功课，就在当下，选择一个悠闲的假期，数一数自己和家人有多少个“不亦快哉”。不一定是多大的事，也未必有什么意义和价值，只要那一刻，你真的像孩子一样欢呼了，大笑了，就是“不亦快哉”。

你的现在在哪里

人一生要为自己承载很多意义和价值，要为社会承担许多使命，为家人承担种种责任，但是，总会有一些欢欣的、活泼的瞬间，贯穿于生命中，让我们趣味盎然。我们能够抓住的，往往不过是这样一个个“此刻”而已。所有的过往可以用来追忆，所有的未来可以用来憧憬，然而，我们的“此刻”却常常在惶惶然中悄然流逝了。

给大家讲一个寓言故事。一座古代神像，一张脸面向未来，一张脸面向过去，庄严肃穆，受人膜拜。

有一天，一位过路者不解其意，走过去问他：“为什么你如此受人膜拜呢？”

神像不屑地说：“你连这都不懂啊！我只有一直向前看，才能规划未来；我只有一直向后看，才能够从历史中总结经验。一张脸向前看，一张脸朝后看，难道不是最重要的事情吗？”

那个路人依然很困惑，继续问神像：“你将所有的时间都给了过去和未来，那你的现在在哪里？”

一句追问，神像就轰然倒塌了。“你的现在在哪里？”这句他无法解答的追问，让他承受不起。

人可以憧憬未来，可以缅怀过去，但能够抓住的只有现在，而现在除了有意义，还应该有意思。当下生活，如能添加一些趣味，就会日日欢欣，生机盎然。

中国人的生活情趣是丰富多彩的。“琴棋书画诗酒花”，是文士的雅趣；“柴米油盐酱醋茶”，也不失俗世生活中的佳味。只是，当下的我们却没有足够的闲暇去细细玩味，我个人造诣还欠缺很多，比如棋道，比如书画，不敢妄谈，需要进一步学习和体会。为此，我仅选出生活中最常见的几种物件，比如一生相伴的酒，比如日日常品的茶，比如宛若天籁的琴，与大家一起玩味分享，看一看古人的生活方式能否给今天的我们一点启迪、一点佳趣，让我们在中国人的生活方式中获得一个烂漫今生。

茶之味 ◦ 上

无论如何忙碌，手边总可以有一盏茶，除了解渴，还可以养心——在某一瞬间，如坐草木之间，如归远古山林，感受到清风浩荡。有茶的日子就是一段好时光。

中国古代以《茶录》为书名的茶学专著有多种，其中以北宋蔡襄和明代张源所著的最为知名。张源《茶录》全书约1500字，共分二十三则，其内容简明扼要，语言精辟，多有切实体会之论。

有一个耳熟能详的说法：“书画琴棋诗酒花，当年件件不离它。而今七事都更变，柴米油盐酱醋茶。”“书画琴棋诗酒花”属于典雅的生活方式，而“茶”却和柴米油盐放在一起，这件寻常百姓家的茶事中也有什么佳趣吗？

大家都喝过茶、熟悉茶，但是有没有想过，“茶”这个字是什么意思呢？

“茶”字从笔画构成上讲，就是“人在草木之间”。上有草，下有木，人在草木间，得以氤氲、吸收天地精华，是茶真正的秘密。无论在办公室，还是在家里，即便窗外满眼是都市的水泥丛林，立交桥上车水马龙，只要一盏清茗在手，人就仿佛蓦然走进了草木之间。

《茶录》上有这样一句话，说茶“其旨归于色香味，其道归于精燥洁”。表达什么意思呢？茶从本意上来讲，色香味俱全。表面看来，我们喝的是它的味道，实际上，茶有茶道。这种“道”与一般人理解的泡茶时的繁文缛节不同，而是指向人内心的一种典雅、清静和高洁的大道。

当今社会，无论学习还是工作，节奏都过于紧张。让大家经常去闭关，归隐山林，躲到一个偏僻的地方居住一段时间，对大多数人来说都不太现实。那么，在紧张忙碌中，有没有成本最低、时间最短的方法，让我们的心灵澄净清澈呢？

也许，那就是喝茶。林语堂先生说，“以一个冷静的头脑去看忙乱的世界的人”，才能体会出“淡茶的美妙气味”。如此看来，品茶训练的不是舌有好茶喝，会喝好茶，是一种『清福』。不过要享这『清福』，首先必须有工夫，其次是练出来的特别的感觉。

——鲁迅

茶不求精而壶亦不燥，酒不求冽而樽亦不空，素琴无弦而常调，短笛无腔而自适。纵难希遇羲皇，亦可匹俦嵇阮。

——洪应明《菜根谭》

头，而是大脑。

那么如何喝茶呢？一定要喝昂贵的茶吗？

《菜根谭》中说得好，“茶不求精而壶亦不燥”，喝茶不求很昂贵，不求非得是名茶，只要让壶里一直不干就行了。“酒不求冽而樽亦不空”，酒也不一定非得是茅台、五粮液等名贵好酒，只要让酒樽中常有酒即可，喝的就是一个意趣。“素琴无弦而常调，短笛无腔而自适”，弹一张琴，吹一支笛，不一定要非常精到，毕竟不可能人人都成为技艺精良的乐工，只求自适，心里高兴就行了。

人只要能做到这些，“纵难希遇羲皇，亦可匹俦嵇阮”，就算无缘生活在伏羲上皇时的理想时代，至少也可以像嵇康、阮籍那样，啸傲山林，怡情自乐。

在现实生活中，无论喝茶、饮酒，还是抚琴，求得自己心意畅快，自得其乐，就是人间好时节。

鲁迅先生曾说：“有好茶喝，会喝好茶，是一种‘清福’。”人人都想享“清福”，但“清福”意味着什么，并非人人懂得。其实，最简单的方法就是喝茶时心里能将琐事暂且放下。

世人忙忙碌碌，总脱不开眼前这点烦恼。如今大家邀集一起去茶馆，大多是为了谈事，谈到口干舌燥时，喝茶是为了解渴。喝了接着谈，谈了继续喝，远离了品茶的本意。真正的品茶是抛开满脑子浮躁的思绪，保持心思的

陆羽（733—804年）
字鸿渐，唐朝复州竟陵（今湖北天门市）人。一生嗜茶，精于茶道，被尊为『茶圣』，祀为『茶神』。所著《茶经》为世界上第一部茶学专著。

澄澈，让自己的内心油然升起一种草木滋润的怡然自得。

中国人有一个说法：“茶如隐逸，酒如豪士；酒以结友，茶当静品。”喝酒可以熙熙攘攘、呼朋唤友，而喝茶还真是一件清静的事。

茶圣与《茶经》

谈到茶的缘起，讲到“心思澄澈”，就不能不提及一个人，他就是“茶圣”陆羽。“一生为墨客，几世做茶仙”，是人们对他的评价。一部《茶经》，让他名垂青史，为世人传诵，为后世评说。

从历史背景来看，陆羽所处的时代是一个动荡起伏的乱世，经历了唐朝玄宗、肃宗、代宗几代更迭。安史之乱爆发，大唐由盛至衰。从个人的经历看，陆羽身世蹊跷，连自己都说“不知所生”。他三岁被遗弃，“陆羽”之名和“鸿渐”之号，都是成年后自己起的。

庆幸的是，遭父母遗弃的陆羽被龙盖寺老僧智积收养了。如此幼小的孩子，自然无法念经诵佛。那又能做些什么呢？“茶禅一味”，于是，师父教他烧水、煮茶、识字、念书，他学会了很多知识，譬如烹茶辨水。

佛寺的生活清清静静，陆羽在禅茶的熏陶中成长。但随着见识的增加，对外面攘攘红尘难免心存向往。终于有一天，他不告而别，逃出寺外。据说，陆羽走后，师父深感痛心，从此不复饮茶，一来为了怀念陆羽；二来喝其他徒弟烹的茶，喝不出陆羽的那番天真滋味，喝不出陆羽参透的禅茶智慧，毕竟是自己一手带大的徒弟。

离开禅寺的陆羽进了戏班子，做了伶人，开始了颠沛流离的生活。天宝五年（746 年），他遇到了一位贵人——李齐物。

陆羽的家乡在现在的湖北天门，唐代时称作竟陵。当时谪守竟陵的是原河南太守李齐物。李齐物偶遇陆羽，非常欣赏他，让他离开戏班，还为他聘请老师，教他读书，他由此结识了当时的很多名人。

又过了六年，陆羽认识了被贬官到竟陵的诗人崔国辅，两人一起辨水，共同烹茶，游处三年。这三年中，陆羽才开始真正名扬文坛，开始专注于茶道，开始了自己最热衷的事业。

天宝十四年（公元 755 年），安史之乱爆发，陆羽南逃，到了无锡惠山，乱离红尘，不碍他徐徐开启了一段游惠山、品惠泉的悠闲生活。

读《茶经》时，我们会发现，陆羽特别注重水的类别。他将全国各地的水分为二十品，足见他静心体味之精深。当喝到无锡惠山泉水时，他对茶的领悟突然被激活了。

随后，他到了浙江湖州，遇到了一生最重要的一位朋友——诗僧皎然，两人成为至交。

皎然

湖州人，俗姓谢，字清昼。中国山水诗创始人谢灵运的后代，是唐代最有名的诗僧、茶僧。在文学、佛学、茶学等许多方面有深厚造诣，堪称一代宗师。

皎然不仅在诗上功夫了得，对茶道更是有精深的研究。他虽年长陆羽十几岁，但两人因茶而引为知音，“缁素结交”四十余年。陆羽写作《茶经》时，得到了皎然很多帮助和指导。陆羽后来四处游历，到过湖南、江西、广东等地，经历了多年颠沛流离之后，最后将自己葬在湖州，选下的墓地恰好与皎然塔遥遥相对。

陆羽爱茶、爱水，与他早年在龙盖寺的经历密不可分。他心里头永远无法放下的一个人就是他的师父智积。唐代宗时，陆羽写出《茶经》，名动天下，被迎进宫中，成为皇室奉养的名士。

一次，在宫中品茶聊天时，唐代宗问他：这一辈子还有什么心愿希望我帮助你完成?

陆羽说：平生最愧对之人就是我师父，如果能让我与师父再见上一面，此生无憾了。

于是，代宗就派人请智积和尚到宫里品茶。

智积委婉地回绝：自从陆羽走后，老僧已不复饮茶了。

前来延请的官员坚持说：这可是当今圣上请你，还是去一下吧!

智积万般无奈，只好随行来到宫中，与代宗一起品茶。席间，代宗吩咐最好的御茶师，用最好的茶、最好的水精心地烹煮。但是，智积和尚只是礼节性地端起茶沾一沾嘴唇，随即就放下来。他对代宗说：不复饮茶，就真的不想再饮了。自陆羽走后，喝什么茶都不入口了。

代宗悄悄地吩咐，第二壶茶由陆羽来烹煮。闲谈之间，茶端上来，智积和尚仍是礼貌性地沾一下嘴唇，手顿时僵住了，瞬间老泪纵横。他对代宗说，陆羽原来就在宫里啊！就这样，师徒俩劫后重逢，仍然在一盏茶中。

这只是一个传说，并非信史所载。但可以由此看出，一壶茶由什么人来泡，用什么样的心，有什么样的寄托，喝的人是可以知味的。陆羽之所以与众不同，被世人尊为“茶圣”，就在于他泡茶时的用心、专注，以及那份虔诚——陆羽的生命也如涓涓山泉，浸润了茶中最透彻的滋味。

《茶经》分为上、中、下三卷，一共十章。第一章写“茶之源”，说的是茶的由来，对“南方嘉木”追本溯源。第二章写“茶之具”，即制茶的过程需要哪些工具，配备什么样的设备。第三章写“茶之造”，即采茶、造茶的七道工序。第四章写“茶之器”，介绍当时的茶具，共列出全套茶具二十四组。第五章写“茶之煮”，介绍如何辨水，用何种水烹何种茶，将泡茶之水分为上中下三等。第六章写“茶之饮”，介绍如何饮茶、分茶，如何喝出茶的真滋味。第七章最有趣，写“茶之事”，讲古人与茶的缘分，讲茶的典故和寄托。第八章写“茶之出”，讲茶叶的不同产地和品质优劣。第九章讲“茶之略”，与“茶之具”中种种繁复茶具对应，说明茶之本质在草木之间，当人真正回归自然时，冗长繁复的程序都可以省略掉，因为已经心接万古自然了。第十章写“茶之图”，陆羽认为在饮茶的场所，都应悬挂弘扬茶道的画轴，因为饮茶是一种文化仪式，要有一定的氛围，有一个雅致的其地，上者生烂石，中者生砾壤，下者生黄土。凡艺而不实，植而罕茂，法如种瓜，三岁可采。野者上，园者次。阳崖阴林，紫者上，绿者次；笋者上，芽者次；叶卷上，叶舒次。阴山坡谷者，不堪采掇，性凝滞，结瘕疾。

——陆羽《茶经》

环境。

一部《茶经》对中国文化之影响无可估量，著名诗人梅尧臣作诗赞道："自从陆羽生人间，人间相学事春茶。"

一杯清茗，十年尘梦

唐代中期，禅宗兴起，其核心思想为"不立文字，直指人心"。而在煮茶、喝茶的过程和形式中，慢慢得到感悟，恰好应和了禅宗的这一理念。于是，从那个时期开始，"茶禅一味"的说法渐渐风行于世。

陆羽说："茶者，南方之嘉木也。"茶大多生长于南方，其生长之地也颇有讲究。"上者生烂石，中者生砾壤，下者生黄土"，上等之茶生长在岩石中，中等之茶生长在沙砾、沙土中，下等之茶则生长在泥土中。"野者上，园者次"，野生的最好，园林种植的次一等。"阴山坡谷者，不堪采掇，性凝滞，结瘕疾"，山阴下生长的茶最好不要喝，因其总不见阳光，过分阴寒、凝滞，喝了对身体不好。

喝茶，喝的是日月沐浴之下，山泉滋养之中，一年四季流动的自然之气。喝茶，就是让我们跟随这种草木之性，真正将自己还原到自然之中。

陆羽在《茶经》里已告诉我们，人与自然之间的这点关联是多么重要。所谓“茶之为用，味至寒。为饮，最宜精行俭德之人”，也就是说，人要注意自己的品德操行，为人节俭，德行高洁，这样的人喝茶，清茶润心，自然就会有默契。

大家都知道“神农氏尝百草”，在尝百草的过程中，一些草是会让人中毒的。传说神农氏最早发现了茶叶，并用来解百草之毒。古代人很早就知道，茶是清洌的、性寒的，茶可用来去燥，用来败火。

周作人先生写过一篇《喝茶》的散文，“我所谓喝茶，却是在喝清茶……喝茶当于瓦屋纸窗下，清泉绿茶，用素雅的陶瓷具，同二三人共饮，得半日之闲，可抵十年的尘梦”。好一个“十年尘梦”，世事喧嚣，人生纷扰，唯有喝茶时心思才能宁静。

茶很清雅，不是浓郁的东西。真正的茶玩味的就是清和闲。记得我自己二十几岁时，完全喝不惯茶，更喜欢浓醇的咖啡。咖啡里有本味的苦，有糖的甜，有奶的香。喝完一杯咖啡，感受那种百味含混的浓沉醇厚，顿觉浑身热气腾腾，陶醉不已。

喝茶，对少年而言的确太淡了。浓情对咖啡，清心品淡茶。人只有渐行渐长，在岁月中经历了种种浮躁的事、烦恼的事、忙碌喧嚣的事，再回到一杯茶中，才会感受到清淡里有一种隽永悠长。

茶，今有绿茶、红茶、乌龙茶、普洱茶等品类繁多，而旧时人们喝的多

蔟蔟新英摘露光，
小江园里火煎尝。
吴僧漫说鸦山好，
蜀叟休夸鸟觜香。
合座半瓯轻泛绿，
开缄数片浅含黄。
鹿门病客不归去，
酒渴更知春味长。

——郑谷《峡中尝茶》

是绿茶。

泡绿茶，古人讲究“合座半瓯轻泛绿，开缄数片浅含黄”，淡淡的几片叶子泡在水里，慢慢地释放出茶香时，清浅的绿色好像沏进了一片阳光。在这样清浅的绿色里，你能听见山风，能感受到山泉，一泡绿茶的前世今生都在清泉中被唤醒了。这种写意之美，正是中国人对茶最迷恋之处。

喝如此清淡之饮显然需要安静。“独饮得茶神，两三人得茶趣，七八人乃施茶耳”，一个人跟一盏茶静静地交流，能得其神韵；两三个人喝，颇有意思，能喝出茶趣，能喝出好友间的情投意合；如果七八个人群聚在一起喝，就跟施舍茶一样，不过是为了解渴而已。

可惜今天人们喝茶，往往呼朋唤友，人声喧杂，虽是热闹，却少了份清静，越来越远离茶神、茶趣了。

中国文化一脉相承，是一个整体，无法切割开来。也许你只需一盏茶、一壶酒，就能感受到所有的一切。走出国门，我们会发现整个亚洲文化也深受其影响，比如日本茶道讲究四个字——和敬清寂，与中国的茶道同脉同宗。

“和”就是一种中和之美。喝茶时能感觉到内心的和谐，人与自然、朋友之间的和谐。

“敬”源于禅宗的“心佛平等”观念，意指喝茶的人都是平等的，没有高低贵贱之分，彼此要有恭敬之心。我们以茶待客时，叫“敬茶”，常用的话是“请用茶”，没有人会把茶杯往客人面前一放，说“喝茶”，这就是恭敬之心。孔子说“仁爱”的第一点就叫“恭则不侮”，你对别人恭敬，就不会招来侮辱。敬茶，其实是敬人，也是敬自己的心。

“清”指茶叶的清雅。“茶秉天地至清之气”，好茶的茶汤一定是透亮的，你能看见草木氤氲化育，能看见茶的魂魄在水中释放。茶的生长从来都不是一蹴而就的，它经历了四季的风雨，经历了霜雾雹露，所以我们喝到的茶，是大自然孕育的精华。我很喜欢《道德经》里面的一句话，叫作“光而不耀”。一个人的人格，要有内在的光泽，但不能太耀眼。如果你的光芒到了刺眼的地步，不可逼视，这样的生命就太喧嚣了。如今的人们，大多外在锋芒毕露，缺少了内心的澄澈，而茶吸收了天地至清之气，自能洗涤我们内心的凡尘污垢。古人说：“平生于物原无取，消受山中水一杯。”这一辈子，你可以得到些什么呢？很多东西都是不可带走的，但是山中一杯茶却是每个人都可以消受的。一碗清茶入肚，把草木清新之气吸纳进自己的生命之中，让体内的浊气在茶中逐渐消解、宣泄，那些滋养出来的清新光芒，自然会让我们变得“光而不耀”。

最后一个字是寂寞的“寂”。如今人们往往害怕寂寞，将寂寞等同于孤单和内心空虚。实际上，真正的“寂”是一种生生不息的虚静空灵。一个人的心没有虚静，就不能懂得万物之变化，就不能看见世界的本真；一个人的心不空，就无法收纳万种境界。

冈仓天心（1863—1913年）

原名冈仓觉三，日本明治时期著名的美术家、启蒙思想家。20世纪初，冈仓天心旅居英美期间，用英文写下了《茶之书》，用精练、深情的语言叙述东方茶道的文化精蕴和精神之美，在西方影响深远。

中国人十分讲究这个“寂”字，认为寂寞之中往往蕴含着大道。《道德经》第二十五章讲什么是“道”时有这样的句子：“有物混成，先天地生，寂兮寥兮，独立不改，周行而不殆，可以为天下母。”“道”里面本身就包含了“寂兮寥兮”，唯其寂寞，并且“独立而不改”，坚守自己的操守品格。“周行而不殆”，即生生不息，处于周而复始的运动之中，这是万物的根本。这种“寂”不是死寂，而是生机勃勃中一点灵动的清寂。

烹茶煮茗辨世情

很多人醉心于日本茶道，更有一些哲人和艺术家潜心研究它。

上世纪初，日本有一位精通美术和茶道的艺术家冈仓天心，常年旅居欧美。1906年，他用英语写下了著名的《茶之书》。他在书中这样写道：“本质上，茶道是一种对‘残缺美’的崇拜，是在我们都明白不可能完美的生命中，为了成就某种可能的完美，所进行的温柔试探。”

他用如此诗意的语言，表达了自己对于“残缺美”的理解。这种“温柔试探”唯有在茶道之中才能完成，因为它必须是静谧从容的。

冈仓天心用颇为浪漫的言辞，来形容充满感情的茶。在他看来，茶“既没有葡萄酒的倨傲自大、咖啡的顾影自怜，也没有可可那种做作的天真”。在他的眼里，茶这种源自东方草木之间的饮料是最能让心思静的。

茶道融合了东方道德伦理、宗教思想的精髓。它讲求卫生，要求保持洁净；它不求排场，讲究在简朴中见到自然；它追求平等，无论身份高低贵贱，只要爱茶，都是真君子，都有自己的品格在其中。

老百姓家家有柴米油盐酱醋茶，茶可以说是“俗中之雅”。喝茶的门槛极低，对人几乎毫不挑剔，只要你热爱它，它就可以让你随时随地清心静气。

有茶这样一个道具，是简约的幸运、寻常的福气。关于人与茶，冈仓天心在书中提过一个有趣的说法。在日本，一个人如果对生活抱有一种宁静宽容的态度，别人会称赞他肚子里有茶水；一个人如果表现得很暴躁，没有品位，别人就讥诮说此人肚子里显然没有茶水。

中国人会用有没有墨水来评论一个人的知识，日本人却用有没有茶水来评价一个人的品性。在日本人心目中，品茶这件事与社会民生关联不大，而更多地体现了一种精神状态。

在清寂中慢慢品一盏茶，让我们从袅袅茶香中，寻找中国茶道一路走来的历史脉络。

“从来名士能评水，自古高僧爱斗茶”，文人雅士们不仅在茶里灌注了自己的生命，也在不断改变着茶的仪式。冈仓天心在《茶之书》中有一个很感性的比喻，他说唐代的煎茶是古典主义，宋代的点茶是浪漫主义，明清时的泡茶则是写实的自然主义。

唐代的茶，做出来的是茶饼，煮茶之前有一套繁复的程序。先要将茶饼放在炭火上烤，烤得松软，陆羽说要软得像婴儿的手臂，然后立即趁热放进纸袋里，不让香气四散。冷却下来以后，捣成茶叶末，再用火力强劲、不沾腥膻油腻的木炭来煮。

煮茶的水以山泉水为最上，其次是江湖水，最差的才是井水。茶是活物，林涧之水也是活物，沥沥山泉一泻而下，奔腾流淌时带上了草木芬芳。湖水稍微宁静一些，但更辽阔，能倒映山川的心事。寻常喝的井水是细小、幽深的，无山泉的涌动，也没有江湖宽广的视野，故陆羽说，烹茶一定要用活水。

煮水也颇有讲究。初沸小水泡如鱼眼，水还很鲜活，尚未煮老，此时将刚刚烤软捣碎的茶叶放入最好。边缘如涌泉连珠为二沸，波浪般翻滚为三沸，再煮的话水就已经老了。

唐人喝茶还要加调味品——盐。初沸时加盐加茶叶，刚好在生机勃勃时泡开。第二沸时，水波逐渐大了，要舀出来一勺放置一旁。等到第三次沸腾，水波更大的时候，再将刚舀出来的一勺微凉的水冲回去，避免煮得太熟。

此时回冲水，茶已在里面沸腾，盐也在其中融化，水表面出现一层白色汤花。“明亮像积雪，灿烂若春花”，这样的茶斟在碗中该有多美啊！唐人喝茶、煎茶的意趣就在于此。

那么，宋人点茶的浪漫主义又体现在何处呢？

宋人首先要在小石磨里将茶叶碾成细末，再用沸水在碗里冲，冲起来后用竹制的茶筅点茶，让茶末和水生出泡沫，打出汤花来。点点汤花，如同人生绽放在平凡瞬间的细碎花朵。

明清时人则是将散茶叶放在碗里直接泡开。既无唐人煎茶的程序，又没有宋人点茶的汤花，所以冈仓天心不无遗憾地说，茶很写实地回到我们的日常生活中了。

唐人喝茶喜用越州窑的青瓷碗，泛着淡淡的青，如玉似冰。绿茶倒进去，与淡青色的釉彩相辉映，相得益彰。那浅浅的绿色，让人恍然如归草木山林之中。假想一下，如果用的是白瓷碗，茶汤倒进碗里，颜色就被反衬得过于夸张了。

宋代的点茶讲求汤花，喜欢用厚实的黑瓷碗，黑白相映，是非分明。讲究的是文人情趣，而不是回归自然本真。明代似乎更注重器皿的选择，所推崇的是宣德的白瓷小盏。雪白的薄瓷胎映着茶汤，别有一番美妙。

喝茶的过程一直都在简化，而茶意却越来越入心了。今人难以像唐人一样细细煎茶，因为我们已没有大把从容的流光岁月了。也许不必迷恋那样繁复的仪式，但要在简单的茶中喝出内心丰富的意趣来。

王安石（1021—1086年）

字介甫，号半山，晚年封荆国公，江西临川人。北宋杰出的政治家、思想家、文学家、改革家，『唐宋八大家』之一。曾官至宰相，主持改革变法，对北宋后期社会经济具有深远影响，史称『王安石变法』。有《王临川集》《临川集拾遗》等存世。

喝出一盏茶的前世今生

烹茶品茗，要有一颗古朴之心。许多人喜欢斗茶，比一比谁的茶叶价高，谁的茶具金贵，这些茶外事已不是茶本来的意义了。

今天，我们还能坐下来悠闲地喝一泡好茶吗？还能静下心来去辨别茶的前世今生吗？还有那份闲情去体味茶所经历的春风雨露吗？茶与水的相遇是一种缘分，真正的好水烹出来的茶，有自然的鲜活。这其中的玄妙，我们还能悟得到吗？

《警世通言》里有一篇小说，题为《王安石三难苏学士》，讲的是王安石与苏东坡的逸事。虽然小说家言，多为杜撰，从中却可看到辨水煮茶的种种意趣。

苏东坡和王安石人生宦海沉浮，二人在改革中的政见分歧颇大，但这并不妨碍作为大文学家、大艺术家的他们引为知音，成为至交。

苏东坡被贬为黄州团练副使时，王安石也已到暮年，身体不好，体内痰火郁结。太医给他开了个方子，用阳羡（今江苏宜兴）的茶，以长江瞿塘峡中段的水来煎烹，才能消除痰火。

王安石心想，苏东坡是蜀地人，有机会去长江三峡，于是便托付于他：

“倘尊眷往来之便，将瞿塘中峡水，携一瓮寄与老夫，则老夫衰老之年，皆子瞻所延也。”意思是说，不管是你还是你的家人往来，路过瞿塘峡，请在中游打一瓮水寄来，我能不能延年益寿，就全靠你了。

苏东坡收到嘱托自然很用心，专程去长江三峡打水。偏偏那天十分困倦，在船上打了一个盹，醒来时船已急流直下，到了瞿塘峡的下峡。苏东坡赶紧从江中取水，无奈中峡已过，逆流而上已不可能，取得的是下峡之水一瓮，亲自送至王安石府上。

王安石将苏学士与水瓮请进来，立刻揭封烹水。阳羡茶备在碗里，只等水开。

水煮沸之后，冲入茶碗，见茶色缓缓泛上来，并非起得很急。王安石就问苏东坡：“你取的是中峡水吗？”

苏东坡说：“正是。”

王安石笑道：“你怎么糊弄老夫呢？这显然是下峡水。”

苏东坡大惊道：“您怎么会知道？”

王安石说：“瞿塘峡之水，上峡水流湍急，水性也急；下峡水流缓慢，水性也缓。唯有中峡之水，急水与缓水交相融汇在一起，不急亦不缓。所以，太医嘱咐我，唯有用中峡之水泡茶才最合适。刚才水已煮开，冲在碗里，茶色缓缓而起，便可断定此水定是下峡的了。”

听完这番话，苏东坡赶紧离席谢罪。

卢仝（约 775—835 年）

自号玉川子，唐代诗人，诗风浪漫且奇诡险怪，人称『卢仝体』。他好茶成癖，被后人尊为『茶仙』，与陆羽齐名。他的《走笔谢孟谏议寄新茶》诗千年传唱不衰，其中『七碗茶』之吟，最为脍炙人口。

就算这是一个文学演绎的故事，也值得我们玩味一番。今天还有多少人能够喝出这种茶与水的相逢意趣呢?

茶在今天已很少用来治病了，但民间依然有“败火”一说。一些老人，即便是夏天最酷热时，也会静静地饮一盏热茶。在他们看来，一杯热茶比冰冻可乐更能解暑。因为热茶能让人毛孔里的燥气、暑意散发开来，烫在嘴里，却清凉在心。

且尽卢仝七碗茶

诗人多爱茶，也留下了许多茶诗。茶诗里最著名的莫过于唐代卢仝的《走笔谢孟谏议寄新茶》。

一天，卢仝在家中睡觉，酣然之时，被一阵敲门声惊醒。开门一看，是好朋友孟谏议的新茶送到。迎进新茶，马上冲泡，细细体会茶中的妙趣，并写出了一首为后世传诵的好诗。

他从茶中体会到了什么呢?卢仝喝了七碗茶，喝出了七种不同的意境。

一碗喉吻润，两碗破孤闷。

三碗搜枯肠，唯有文字五千卷。

四碗发轻汗，平生不平事，尽向毛孔散。

五碗肌骨清，六碗通仙灵。

七碗吃不得也，唯觉两腋习习清风生。

蓬莱山，在何处？玉川子乘此清风欲归去。

“一碗喉吻润”，第一碗茶喝进去，嘴巴喉咙都感觉滋润了。想必酣然大睡后口干舌燥，醒来喝上口新茶，自然满口生津，满心滋润。

“两碗破孤闷”，第二碗开始喝出好情致。内心的孤单、烦闷在茶里面都融掉了。

“三碗搜枯肠，唯有文字五千卷”，第三碗喝得人头脑兴奋，想吟诗作赋了。搜肠刮肚，发现在茶水的滋润下，腹中舒开五千卷文字。

“四碗发轻汗，平生不平事，尽向毛孔散”，喝到第四碗，觉得一生不平之事都已随着轻汗发散了。

五碗喝出了“肌骨清”，六碗喝出了“通仙灵”，简直要进入神仙境界。

最神的要算第七碗，“七碗吃不得也，唯觉两腋习习清风生”，到此已经不敢再喝了，已感觉到腋下习习吹起了清风。“蓬莱山，在何处？玉川子乘此清风欲归去。”玉川子是卢仝给自己起的号，此时他的心思已远离混沌世事，开始思念海上蓬莱仙山了。他自问自答，仙境何在？仿佛已生出翅膀，五石散，又名『寒食散』，原为一种中药散剂，由东汉名医张仲景研制而出，有壮阳、强体之功效。后盛行于魏晋时期，名士们趋之若鹜。《世说新语》中写道：『服五石散，非唯治病，亦觉神明开朗。』

凭借着茶的清气远远飞去。

这首诗被人俗称为《七碗茶》，常为后世文人所引用。苏东坡就屡屡用“七碗茶”作典，譬如“何须魏帝一丸药，且尽卢仝七碗茶”。

魏晋时风行炼丹养生，当时的名士达人为了长生不老当神仙，常服用一种名为“五石散”的药剂。此药富含多种重金属，吃过之后，浑身燥热，有不同程度的反应，甚至有人因此丢掉性命。所以苏东坡说，要想成仙，何必吃那些危险的药呢，直接喝卢仝的七碗茶就可以了。喝茶就能心归太古，如登仙境。

北宋著名诗人梅尧臣在《尝茶和公仪》诗中也曾写道：“莫夸李白仙人掌，且作卢仝走笔章。亦欲清风生两腋，从教吹去月轮旁。”喝茶时如有卢仝那样的意境，人就已经可以两腋清风，飞到月亮之上了。

喝出生命的澎湃激扬，喝出人生的梦想追求，是中国古人喝茶的最高境界。

我所解读的所有诗句，转述的相关传说，都权当给大家奉上一杯茶。茶不求贵，只要能真正会意，就能喝出内心的清雅、安闲、洒脱。无论如何忙碌，手边总可以有一盏茶，除了解渴，还可以养心——在某一瞬间，如坐草木之间，如归远古山林，感受到清风浩荡。

有茶的日子就是一段好时光。

茶之味。下

茶禅一味，对于红尘中的你我，倒也不失为一种启发。有心之人，不妨将喝茶当成生活中一个小小的仪式，静心与清茗相随，定然有所体悟。清茶洗涤过的一生，必有不同的滋味。

白居易（772—846年）

字乐天，晚年号香山居士，河南新郑人，唐代著名诗人。他的诗歌题材广泛，形式多样，语言平易通俗，有『诗魔』和『诗王』之称。白居易与元稹是新乐府运动的倡导者，主张『文章合为时而著，歌诗合为事而作』，二人并称『元白』。有《白氏长庆集》传世，代表诗作有《长恨歌》《卖炭翁》《琵琶行》等。

淡味回甘，总比厚味更隽永。每个人在喝茶的时候都会有自己的一点点感悟。白居易写过一首《食后咏茶》，讲他吃饱睡足之后在茶里悟出的人生。

> 食罢一觉睡，起来两瓯茶。
> 举头看日影，已复西南斜。
> 乐人惜日促，忧人厌年赊。
> 无忧无乐者，长短任生涯。

在日影更迭、岁月流转中，不同的态度决定了你对时间长短不同的感受。乐观的人总是会觉得日子过得太快，好日子还没有过够呢，这一天就过去了；而一个忧虑的人，会觉得有干不完的事，有没完没了的苦恼，夜不能寐，就会觉得光阴难挨。白居易说，有人因为快乐而觉得岁月苦短，有人因为忧虑而觉得日月漫长，而我只是一个喝茶的人，既没有那么多的乐，也没有那么深的忧。“长短任生涯”，人生只要有茶相伴，我就能够喝出一份坦然，喝出一味自在的光景。

元稹（779—831年）

字微之，别字威明，唐洛阳人。早年和白居易共同提倡『新乐府』，世人常把他和白居易并称为『元白』。『曾经沧海难为水，除却巫山不是云』就是他脍炙人口的名句。

清醒之茶：洗尽古今铅华

大家都知道，茶让人清醒，清醒之中能让人读懂岁月铅华中的种种道理。

曾巩说：“一杯永日醒双眼，草木英华信有神。”一杯茶喝下去，人心清了，眼睛也就醒了，人心明了，眼睛也就亮了。因为只有心静之时，才能看透纷纭是非。你能说草木之间的这一点灵物，它没有神通吗？

与白居易同时代的元稹写过一首有趣的诗，叫作《茶》。这首诗从一字、两字、三字、四字，一路对仗下来，排列成一座美丽的宝塔。

茶，

香叶，嫩芽。

慕诗客，爱僧家。

碾雕白玉，罗织红纱。

铫煎黄蕊色，碗转曲尘花。

夜后邀陪明月，晨前命对朝霞。

洗尽古今人不倦，将知醉后岂堪夸。

顶上破题，一个“茶”字，接下来说最好的是什么样的茶，是“香叶”，是“嫩芽”。

这样的茶喜欢什么人呢？“慕诗客，爱僧家”，文人爱它，茶禅一味的僧人也喜欢。

“碾雕白玉，罗织红纱”，用白玉碾子碾茶，碾碎后用红纱织的细罗筛，然后才可以入水。

“铫煎黄蕊色，碗转曲尘花”，铫子是今天人们用来煎药的器具，当时就用来煎茶了。茶铫子里嫩嫩的黄蕊泛出清浅的颜色，冲到茶碗里面，泛起明亮的汤花。

这样一杯茶，入夜可邀约明月，醒来时可面对朝霞。昼夜皆有清茶相伴，岂不是人生一幸事？这样一杯茶，洗尽古今，常喝不倦；那一抹香气，醉了人心，醉了静好的岁月。

欢愉之茶：平淡中的回甘

不同人喝同样的茶，可以喝出不同的况味。不同时期的人，不同境遇的人，只要用心喝茶，都能酝酿自己的人生故事。

《娇女诗》开启了诗歌史上以儿童为描写对象的先河。诗人剪裁出生活中的几个场景，以半嗔半喜的口吻，精心描绘了两个小女孩稚气未脱、娇憨活泼的种种情态。

左思（约250—305年）
字太冲，齐临淄（今山东淄博）人，西晋著名文学家。其《三都赋》在当时广受称颂，传说此赋一出，人们争相传抄，以致「洛阳纸贵」。

西晋名士左思才华横溢，却因出身微寒，对所处世道始终抱有不平之气。他经常质疑，为什么那些“郁郁涧底松”会被“离离山上苗”遮蔽住，是因为小草长在高山上，青松生在山涧里。自己就是那生在涧底不如意的青松。

左思也写过豪迈的诗章。“振衣千仞冈，濯足万里流”，整理一下衣襟，都要站在千仞高冈之上，就算洗个脚，也要在万里的活水长流里。

这样一个志向豪迈的人，却一生困顿坎坷，真正能聊以自慰的又是什么呢？

左思写过一首《娇女诗》，描绘的是自己的两个小女儿，十分天真可爱。“吾家有娇女，皎皎颇白皙”，我家有两个娇滴滴的小姑娘，长得白白净净的。“小字为纨素，口齿自清历”，小女儿乳名叫纨素，伶牙俐齿，一天到晚叽叽喳喳。“其姊字惠芳，面目粲如画”，大女儿字惠芳，长得像画里的人儿一样。“驰骛翔园林，果下皆生摘”，两个孩子打打闹闹，在院子里跑来跑去，树上结的果子，都等不到成熟，就被她们摘了。“贪华风雨中，眒忽数百适”，外头刮风下雨，姐妹俩还要出去摘花，做父亲的慈祥宽厚，看着她们进进出出也不责备。

落笔之处，描写孩子喝茶的情景，更为有趣可爱。“止为荼荈剧，吹嘘对鼎䥶”，跑累了，口渴了，回家想喝茶。茶水尚未烧滚，孩子等不及，就鼓着腮帮子，趴在茶炉子旁边，一口气一口气地吹。

任育长年少时，甚有令名。武帝崩，选百二十挽郎，一时之秀彦，育长亦在其中。王安丰选女婿，从挽郎搜其胜者，且择取四人，任犹在其中。童少时，神明可爱，时人谓育长影亦好。自过江，便失志。王丞相请先度时贤共至石头迎之，犹作畴日相待，一见便觉有异。坐席竟，下饮，便问人云：『此为茶，为茗？』觉有异色，乃自申明云：『向问饮为热为冷耳。』尝行从棺邸下度，流涕悲哀。王丞相闻之，曰：『此是有情痴。』

——刘义庆《世说新语》

这一刻的天真烂漫，在左思的妙笔白描之下，尽显居家日子里的那种平淡温馨。

读到这里，也许大家能发现，喝茶一事可大可小。大到茶禅一味，能参悟佛理；大到如白居易看破长短任生涯，超越苦乐一生；小到小情小景，如左思看见两个不解人间忧伤的姊妹，为喝茶而忙前跑后的可爱模样。无论大小，一瞬镌刻下来，都将成为不朽。

喝茶一事，对每个人而言，只要用心，都能在里面品见自己的味道。

忧伤之茶：冷暖自知

喝茶，有时也会喝出忧伤来。

《世说新语》中记载了这样一个故事。西晋被刘聪灭亡之后，司马睿在南京建立东晋，西晋的旧臣名士纷纷渡江而来。“渡江旧臣”在《世说新语》里常常被提及，这些人经历了朝代更迭，心中有所不甘，有失落之志，但又要苟且偷生，所以常常心神恍惚，不知所终。

旧臣南渡，丞相王导在南京旁边的石头城宴请他们。意味深长的是，他摆的不是佳肴美馔，而是清浅的茶宴。

谢安（320—385年）
字安石，陈郡阳夏（今河南太康）人，东晋政治家。他出身望门世族，但淡泊名利，出仕不久即辞官隐居于会稽东山，寄情山水，多与名士往来。四十余岁时应诏『东山再起』，后官至宰相，成功挫败权臣桓温的篡位企图，并在淝水之战中击退前秦的入侵，为东晋赢得几十年中兴局面。

这一泡茶里，百转千回。

以才华过人著称的旧臣任瞻，端茶喝了一口，怅怅地问周围人："这是茗，还是茶？"

周围人不知所云，心存疑惑地看着他：你到底是想问什么呢？

任瞻仿佛恍然顿悟，连忙说："错了错了，我想问这茶是凉，还是热？"

故事写到这里戛然而止。试想一想，冷热能不自知吗？显然心思在茶外。茶喝进腹中，感慨萦回心头。冷热之间，有前朝今世的炎凉，有世事人伦的变幻。

有时候，茶中深意可能胜于酒，因为茶香清浅，缭绕不去。一杯茶竟可以喝出无以言表的滋味来。

格调之茶：面对世界的名片

喝茶还能看出一个人的气节，见识一个人的操守。

《晋中兴书》里记载了名士陆纳的一段小故事。陆纳任吴兴太守时，始终保持高旷的人格。当时名动一时的卫将军谢安想登门造访，陆纳并不太以为意，也未做任何准备。

南齐武帝萧赜所立遗嘱云：『我灵上慎勿以牲为祭，唯设饼、茶饮、干饭、酒脯而已。天下贵贱，咸同此制。』

——萧子显《南齐书》

陆纳的侄子陆俶心里暗暗奇怪：谢安何等人物，亲自登门拜访，叔叔怎么不做点儿准备呢？万一来了许多人，给人家吃什么、喝什么呢？于是，陆俶想帮叔叔一个忙，私底下准备了足够十几个人食用的佳肴美馔。

谢安如期到访，陆纳摆上茶宴。席中除了茶，仅有几样果品糕点而已。陆俶见状，赶紧将自己精心安排的佳肴美馔摆上，邀请谢安及随从属下入座。各种珍馐摆满整整一大桌子，大家都吃得酒足饭饱。

谢安一行刚离开，陆纳就将陆俶叫过来，责打四十大板。他痛斥侄子说，你既然不能给叔叔增光添彩，为何还要玷污我平生的清誉，秽我素业呢？言外之意是，我一生清正廉洁，茶宴表明的是我的一种态度，何必多此一举，准备那些世俗的美味珍馐呢？

陆俶给叔叔帮了倒忙，只因为他不懂茶里面的深意。

《世说新语》中有很多关于谢安的记载。谢安骨子里也是一个倜傥名士，不落俗套。名士相见，惺惺相惜，一盏清茶也许比满桌珍馐更能通达彼此心中的意趣。

茶里到底有什么？它体现了一个人的生活态度，隐藏着一个人的世界观，甚至是人亮给这个世界的名片。

陆纳打出了茶这张素净的名片，受人赞誉，是在他为官从政之时。而南朝齐武帝身后还想用茶表明自己的姿态，更是一绝。他在遗诏中说，“我灵上慎勿以牲为祭”，嘱咐后人不要再杀牲口来祭奠自己，否则自己心中会不安的。如果要祭奠，用什么呢？“唯设饼、茶饮、干饭、酒脯而已”，一点饼食、茶饮，即可打发阴间的清闲时日了。

遗诏虽是交代身后事，却也是写给活着的人的警喻，仍然表明了对当世风尚的一种态度。

古人以茶喻高洁，以茶显情趣，茶味虽淡，用意深远。

力量之茶：临危从容

日本禅宗学者铃木大拙曾写过一个茶艺师的故事。这个故事给了我很大启发，在很多讲座中我都提到过。

日本江户时期有一个贵族，家里养了一位茶艺师。这位茶艺师泡茶技艺精湛，贵族一天都离不开他泡的茶。

有一天，主人要去京都办事，想带茶艺师一起去。

茶艺师说：“京都那么多浪人，乱糟糟的，我又没有武功，遇到危险怎么办？”

主人说：“那没关系啦，你找一套武士的服装穿上，就没人敢招惹你了。”

于是，茶艺师就穿上武士的服装，还挎了一把长长的佩剑，跟着主人去京都了。到了京都，主人去办事、会晤，茶艺师无事可干，便独自一人在池塘边散步。刚走了一会儿，迎面就撞见一个浪人。

这个浪人很嚣张，一见茶艺师穿着武士服，就立刻抽出剑，说："我们俩来比武吧！"

茶艺师没有办法，就实话实说："我可不会武功，不过是个泡茶的人。"

浪人越发猖狂起来，说："你既然不会武功，为什么还穿着武士服呢？岂不是辱没武士的名节吗？那我更有理由杀你了！"

茶艺师想了想说："这样吧，你能不能给我一点时间，让我先将主人的事情料理好？四个小时后，我一定回到这里跟你比武。"

浪人见他如此忠心耿耿，就放了他。茶艺师直奔京都最大的武馆，见到大武师，纳头便拜，恳切地说："求你教我一种武士最体面的死法吧。"

大武师很惊讶："来我这里学武的人都是求生的，还是第一次看到求死的。为什么？"

茶艺师便把刚才的遭遇如实讲述了一遍。

大武师说："原来你是一个茶艺师啊！能不能先给我泡一杯茶呢？"

说到泡茶，茶艺师有些感伤，心想，这也许是自己这辈子最后一次泡茶了。如此一想，反倒变得从容了，心也就静下来了。他让人取来最好的山泉水，用文火一点点煮开，取茶、洗茶、篦茶、滤茶，一丝不苟。茶泡好后，他恭敬地双手捧给大武师。

大武师喝了一口说："这是我一生中喝到的最好的茶了。我可以告诉你，你不必死了。"

"你要教给我什么绝招吗？"

"我什么都不教你，只送你一句话：用你刚才泡茶的心，去面对你的对手。"

茶艺师不明就里，一边琢磨一边往回走。走到池塘边，见那个浪人正在等他。

浪人再次拔出剑来，说："既然你已经回来了，我们就开始比武吧。"

茶艺师回想了一遍自己泡茶的过程，然后笑着看着对方说："不着急。"他双手取下帽子，端端正正放在池塘边；又脱下外套，拎起领口袖口，一折一折叠好，压在帽子下面；然后从容不迫地拿出绑带，将袖口裤脚一一扎好；最后紧了紧腰带，整束停当。

整个过程，茶艺师一丝不苟，有条不紊，心中想着自己泡茶时的那份从容，而且还一直带着微笑看着对方。一个早早拔剑的人，被对方这样看着，自然越来越毛，心里越来越没底。

茶艺师最后一个动作，就是拔出剑来，双手举过头顶，高喝一声，停在半空中。就在此时，浪人扑通一声跪下了，说："求你饶命，你是我这辈子见过的武艺最高强的武士。"

从这位茶艺师身上，我们看见，有从容的内心，才有真正的勇敢。

在一个躁气过重的时代里，泡茶、喝茶也许是最好的医心良方，因为泡茶、喝茶都急不得。体会着水与茶相逢的过程，心智如同茶香，舒舒展展开启，弥漫开来。就像那位日本茶艺师，以泡茶、品茶之心去面对世事，能获得一份比匹夫之勇更悠远博大的力量。

柔韧之茶：外化而内不化

茶味有千般，你能喝出的是哪一种？这与当下的心境有关。今天的生活，节奏太快，大多数人旦夕不敢懈怠，从早到晚像一张紧绷绷的满弓。所谓“弦满弓易断”，人也一样，不如张弛有度，劳逸结合。

有一位武士，路过一间弓箭坊，看到橱窗里有一张很耀眼的弓，绷得紧紧的，弦上架着一支箭，从木质到雕花，一切都符合他理想中的完美之弓。

武士立刻冲进店里，对老板说：“我要买橱窗里的那张弓。”

老板说：“抱歉！橱窗里的那张弓是样品，不卖，能卖的都在墙上挂着呢，你去挑吧！”

武士四周看了一圈，发现墙上的弓都不漂亮，松松垮垮的。他对老板说："我多付你一些钱，请一定将那张样品弓卖给我！"

老板笑着说："你知道什么是样品吗？样品不过是摆个漂亮样子，它24小时都绷着，看似有力，其实早已没有韧性了。你觉得这样的弓还能使吗？真正能用的弓，都是松弛的。松弛是一种涵养的状态，能让弓弦保持着柔韧。"

大家想一想，是不是我们的心也像一张满弦的弓呢？放松总归需要依托于一些仪式，也许喝喝茶，在一泡又一泡缓缓释放的茶香中，心里的弓弦就不知不觉松下来了。

大家可能会说，世事不可预料，如果心变得柔软了，该怎么去担当啊？在我看来，人在成长之中，意志会越来越坚定，而心灵会越来越柔软。意志不坚定，何以穿越千难万险；心灵不柔软，怎么去感知爱和美、慈悲和温暖？若能让意志的坚定与心灵的柔软结合起来，生命就能体会到一种通达的境界，就像慢慢溢出的茶香。

有这样一个比喻：生活就像一锅滚开的沸水，不会因为垂青哪个人，就变成温泉。你进入社会，都会受这100摄氏度的煎熬。人虽然不能选择水温，但能够选择自己的生命质地，能够选择与水相遇的方式。

让我们做个实验看看。有三锅滚开的沸水，往里面放三样东西。第一个锅里面放一个生鸡蛋，第二个锅里面放一根胡萝卜，第三个锅里面放一把干茶叶，盖上盖子，让沸水去煎煮。相同的时间之后，掀开盖子看看结果。

古之人外化而内不化，今之人内化而外不化。
——《庄子·知北游》

第一个锅里的生鸡蛋，原本是流动的、柔软的，煮熟后剥了鸡蛋壳就会发现，蛋清变硬了，剥开蛋清，蛋黄也变硬了。在生活中，有些人被煮成了铁石心肠，不柔软，不慈悲，缺少同情心，容易以偏概全，他们就是被生活给煮硬了。

再看第二个锅里，胡萝卜生的时候鲜鲜亮亮、有款有型，可煮上一段时间，就成了烂糊糊的一摊胡萝卜泥。生活里，同样有这样一些人，善良本分，随遇而安。在单位里听从领导，在家里都为孩子的前途，已经疲惫得忽略了自己心灵的梦想，这就是被生活煮软了的人。

除了变硬和变软，生命还能有第三种形态吗？再看第三口锅里，一把干茶叶，投入沸水之前，形状最难看，分量也最轻，而在沸水的煎熬下，那些干燥的、皱巴巴的叶子，变得滋润、丰美、舒展了。更重要的是，它在实现自我的同时，也将无色无味的水变成了浓香的茶汤。

这就是我们的生命与世界相遇的最好方式。

庄子的人生价值观是“外化而内不化”。所谓“外化”，在今天可以理解为主动去适应社会的规则，接人待物不违礼俗，勇于承担自己的社会责任。所谓“内不化”，则是说一个人在顺应各种规则的同时，不失生命的执守，拥有自己的精神世界。

一个人能做到“外化”，就可以与这个世界、与周围的人和谐相处；而一个人能做到“内不化”，心灵才会丰富，才有梦想成真的未来。所以，有物混成，先天地生，寂兮寥兮，独立不改，周行而不殆，可以为天下母。吾不知其名，字之曰道，强为之名曰大。大曰逝，逝曰远，远曰反。故道大，天大，地大，王亦大。域中有四大，而王居其一焉。人法地，地法天，天法道，道法自然。

——《道德经》

“外化”支撑了我们的现实，“内不化”承诺了我们的理想。

以庄子的观点来看，生鸡蛋变成了熟鸡蛋，变得坚硬，做到了“内不化”，问题是它外也不化，不能与其他事物融合。胡萝卜倒是做到了“外化”，问题是连心也化了，就失去了自我。只有茶叶做到了“外化而内不化”。

人生如茶，富于建设性的生命，即使跟残酷的世界相遇，煎熬本身也可以变为成全。

绿茶：凝一点早春的魂魄

今天大家喝茶，未必一定要知道那么多的典故，也不一定都能在茶中与他人神交。但是，当我们独自品茶，能不能喝出四时流转在茶中的寄托呢？

道家推崇：“人法地，地法天，天法道，道法自然。”人与自然之间只有找到某种媒介，彼此才能沟通得更好，关联得更持久。茶或许就是媒介的一种。

春天，大地阳气蒸腾，人们常喝的是绿茶。绿茶是不发酵茶，讲究“形美，色翠，香郁，味醇”，即所谓绿茶的“四美”。

凡采茶，在二月、三月、四月之间。茶之笋者，生烂石沃土，长四五寸，若薇蕨始抽，凌露采焉。茶之芽者，发于丛薄之上，有三枝、四枝、五枝者，选其中枝颖拔者采焉。其日有雨不采，晴有云不采；晴，采之。蒸之，捣之，拍之，焙之，穿之，封之，茶之干矣。

——陆羽《茶经》

绿茶，喝的是它扁扁的紧实的形状，喝的是它清亮透彻的颜色，喝的是它回味无穷、早春自然蒸腾出的芬芳。绿茶是最灵性、最脱俗的茶品。品味绿茶，你仿佛能从一片片舒展开的叶芽中，喝出早春时节带着雨露的阳光。

据陆羽《茶经》所载，采摘绿茶最好的时节是在农历的二至四月份。采茶的日子必须是晴天，最好是茶上露水未干，所以必须起大早，趁阳光未起、露水未干之时及时采摘。雨天所采不好，阳光暴晒所采也不佳。

新茶采下来之后制成茶叶，最重要的环节是杀青，将茶叶中的青气去掉，将水分滤干。杀青的方法有炒青，有烘青，有晒青。锅里炒，日头晒，都是为了让茶变得干燥。

二十几年前，我曾在龙井问茶，真真切切地见识了茶农炒茶的全部过程。那是一个早晨，阳光初升时，沿着九溪十八涧走到尽头，来到一户茶农家。他们家的茶叶刚刚采回来。

那时的龙井尚未有今天这么喧嚣，茶农淳朴好客，安顿我坐下后，泡上满满一碗西湖藕粉，让我在一旁看他们晾茶、炒茶。

这是我第一次看到如此嫩绿的茶芽，心中就有一些亲近，有一份爱意。

主人家将新茶筛选干净，倒进烧热的大铁锅里，开始用手翻炒，边抖边压。我吃了一惊，第一次知道茶农居然是用手来炒茶的。

主人家介绍说，这是第一步，用 80 度甚至 90 度高温的铁锅炒，能将茶

恩施玉露，产于湖北恩施市东郊五峰山，是中国保留至今为数不多的一种蒸青绿茶，其制作工艺及所用工具相当古老，与陆羽《茶经》所载十分相似。

叶里的青气断去，用手将茶叶压扁，整理成形，叫作“青锅”。

翻炒一刻钟左右，将茶筛出来，倒进一个大筐箩里，放到太阳底下晒。忙碌完，主人坐下来和我聊天了。

我问主人：不是炒过了吗，为什么还要拿出来晒？回答说：这叫“回潮”。因为炒得太急，外面干了，里面的潮气依然没有挥发出来，放在太阳底下晒个把小时，去去潮气。

“回潮”之后第三步是“辉锅”，将晾晒过的茶叶倒进锅里再炒上二十分钟。“辉锅”环节要将茶叶真正压实，整出茶叶最后的形状，茶就算炒好了。

嫩嫩绿绿、清清亮亮的茶尖，在一个春风吹拂的清晨，在你的注目之下变成了脆脆干干的茶叶，内心竟生丝丝感动。

以往喝茶时总是挑剔绿茶不禁泡，冲上三四次水就没有了颜色，没有了味道。看过绿茶炒制全过程之后才懂得，如此迅速的轮回意味着什么。

绿茶没有漫长的发酵过程，也无蒸、烘、压制成茶饼的过程，仅仅靠短促的冲泡，将其中的儿茶素、氨基酸、维生素都释放出来。阳光、雨露沁在叶片中，也沁入我们的心脾。

原本以为所有的绿茶都是炒出来的，但在湖北恩施，有一种名茶叫恩施玉露，是今天难得一见用唐代蒸青的方法制出的绿茶。

恩施位处湖北西部，崇山峻岭，沟壑峡谷，常有一根石柱劈空而立的壮阔景观。进入山区，云环雾绕。当地人为了保持茶的氤氲水汽，希望绿茶月明云淡露华浓，欹枕愁听四壁蛩。伤秋宋玉赋西风，落叶惊残梦。

——昆曲《玉簪记·琴挑》

断青后依然带着滋润的芬芳，遂采取唐代蒸青古法，这样制出来的茶，茶绿、汤绿、叶底绿，想一想都觉得青气扑鼻。

泡绿茶讲究用玻璃杯，看着嫩嫩的茶芽在杯中三起三落，浮沉之后缓缓落下，一叶一叶地终于立稳，如同人心沉浮之后气定神闲，终于安顿。

所以，春夏饮绿茶，清逸入心入肺，祛除体内的燥气，让心归于透彻，这番以自在之物调理生命的道理，真正体会后始觉妙不可言。

乌龙茶：半入松风，半入丁香味

秋天是一年四季中最具诗情画意的季节。所谓“沐春风而思飞扬，临秋云而思浩荡”，人的胸怀之所以浩荡，是因为秋天不仅有最浓郁的色彩，有最丰硕的果实，也有最伤感的意味。

悲秋何来？只因它拼尽了全部力气，将姹紫嫣红和硕果累累留给世界之后，一切都将归于萧瑟与寥落。“伤秋宋玉赋西风，落叶惊残梦。”多少生灵都在这个时节渐渐凋敝，进入秋收冬藏的内敛状态。

大地阳气始收，秋凉冬寒渐渐逼来。季节变迁，人的身体也需要调节。秋季就是喝乌龙茶的好时节。

武夷大红袍，为闽北武夷山岩茶中的名贵品种，素有『茶中状元』之美誉。茶香浓郁，口味醇厚，饮后口齿留香。传说明朝时有一位进京赶考的举子，路过武夷山身染恶疾，遇一和尚采茶泡与他喝，病痛即止。举子考中状元后前来致谢，找到昔日治病的茶丛，脱下自己的状元红袍披于茶树上，『大红袍』之名由此流传开来。

乌龙茶是半发酵茶，因颜色泛青，也称为青茶。它既有绿茶的清冽，也有红茶的醇厚，在发酵与不发酵之间，用心玩味，能喝出其中重重跌宕的芬芳。

这种半发酵茶，主要产于闽北、闽南，以及台湾和广东。闽北以岩茶大红袍最为知名，武夷肉桂也多受人追捧；闽南茶有大家熟知的铁观音和黄金桂（黄旦）；广东乌龙茶主要品种为凤凰水仙、凤凰单枞。台湾最好的则是冻顶乌龙（俗称冻顶茶）、文山包种，以及宜兰产的一种口味很重的乌龙茶，它有一个好听的名字——东方美人（又名白毫乌龙、香槟乌龙）。仅仅听这些名字，就能让人产生无尽的遐思。

半发酵的乌龙茶火候最难拿捏，甚至可以说，品乌龙喝的就是细至分毫的火候。制乌龙茶，要经过晒青、摇青、凉青、杀青、揉捻、烘焙等复杂环节。制成的乌龙茶“青叶镶红边”，即茶叶边儿已发酵，变为酡红色，叶子中间部分依然青青的。一套程序下来，你能喝出来不同茶的风味，不同茶的分寸。

至今依然记得，在台湾佛光山上，目睹星云大师的弟子们泡茶的情形。

那是一段闲暇的日子，适逢秋高气爽的十月间。某一天，几位师父来邀，一起去山上喝茶。于是，一行人从台北出发，坐高铁到中部的花莲，住进月光寺。

随后，师父们提着大桶山泉水，带着小小紫砂壶，以及两三样不同的乌

竹床凉，松影碎。沉水香销，
犹自贪残睡。无那多情偏著意，
碧碾旗枪，玉沸中泠水。
捧轻瓯，沽弱醑。色授双鬟，
唤觉江郎起。一片金波谁得
似？半入松风，半入丁香味。

——王世懋
《苏幕遮·夏景题茶》

龙茶，沿着木制栈道向上爬，一直走过半山腰。看着师父们背着瓦斯炉，拎着山泉水，我有些于心不忍，便对他们说：“我们一定要走这么远，爬那么高吗？”

师父们说：“山上喝茶味道会不一样。”

我们最后爬到了接近山顶的地方，拣一间亭子坐下来，烹水泡茶，满眼风物苍黄老绿，果然是意味无穷。

泡乌龙茶多用紫砂壶，茶的芬芳才能一点一点散发出来。那时，我突然悟出一个道理来，宋代以前泡茶多用大壶，唐代斗茶也用大壶，宋代点茶还是用大壶，而为什么明代以后开始使用紫砂小壶呢？这正是行脚僧人兴起的风尚。

小壶便于携带，游历山水，每到一处皆可烹茶喝茶。茶本来生长在沙土岩石之间，紫砂也是泥土烧制而成。茶在壶中浸泡，还原一段前世的渊源，甚至能感受到茶在紫砂中徐徐苏醒，完全舒展开来。

也是在那时我才真正懂得，那金灿灿的茶汤恰如古人所言：“一片金波谁得似？半入松风，半入丁香味。”喝茶是一件急不得的事情，慢慢喝，一会儿喝出了松风扫过茶芽时留下的余韵，再过一会儿，又会喝出丁香隐隐的芬芳来。

普洱茶，属于黑茶，因主要产于云南普洱而得名。现在泛指普洱茶区生产的茶，是以云南大叶种晒青毛茶为原料，经过发酵后加工成的散茶和紧压茶。普洱有生茶和熟茶之分，生茶为自然发酵，经过渥堆发酵加工而成的茶称为熟茶。『越陈越香』是普洱茶的最大特点，存放时间越久，口感越好，所以也被称为『能喝的古董』。

普洱茶：能喝的古董

随着季节流转，寒冬一片萧瑟时，最好就喝全发酵茶了，比如熟普洱，比如红茶，红茶中又有祁门红茶、云南滇红、江西宁红等。

今天人们对红茶的印象最深的是什么？是一包一包的袋泡立顿红茶。追溯历史可以发现，早在 1610 年，荷兰商人将武夷山一带的小种红茶带回欧洲。随后，欧洲开始兴起喝下午茶的风气。欧洲人喝红茶时加糖加奶，配以点心，成为贵族生活的一个仪式。今天大家所熟知的立顿红茶，与真正的中国红茶也已疏离久远了。

而在中国人的生活里，喝茶未必有固定时间，只要有一份足够的从容，能慢慢感受那种温润如何在寒气中沁暖我们的肺腑。喝陈年熟普洱尤其如此，需要耐心慢慢将它唤醒。

曾经看过泡茶的高手，将紫砂小壶用滚水一点一点地烫开，再往滚烫、干燥的壶腔中放入八十年的陈年熟普。然后，盖上壶盖，继续用滚水浇在壶身上。壶内是干燥的，滴水不入。这样一直浇着，持续很长时间，因为老茶在岁月中沉睡得太久，需要慢慢唤醒。

世事烦扰，今天的人们，日子过得大都不太从容。睡到自然醒也是一件赏心乐事，可惜工作日的早晨，我们大多是被闹钟惊醒的。惊醒的人，心会轰隆隆跳得很急，怔怔然不是很安稳。

同样的道理，如果用一壶滚烫的沸水直接浇在老茶上，一下子惊醒的老茶也会心悸神慌。

用滚水浇在壶身上，用紫砂传导的热度去烘焙它，过十几分钟，轻轻揭开盖子，你会发现，茶上没有一丝水渍，而茶香扑鼻而来。那就是岁月醇厚的味道。

不是每个人都有能力收藏古董，不是每个人都有机会玩赏字画，那么，我们如何能触摸岁月的痕迹呢？所幸的是，我们还有一泡老茶。一泡老茶的苏醒过程，能让我们自知：茶有不忍惊动时，人也会有一些心事不忍触碰；当我们能从容地喝一壶茶时，也许就能够从容理顺繁杂心事了。

不同的茶各有不同的仪式。喝这样的熟茶，在凋敝萧瑟的冬季，最好焚爇沉香。

一个台湾居士，是一位素素雅雅的女茶人，在给我泡老茶时，随手从身边一个小布袋里掏出来几块磨得圆润的沉香来。她说，那种用化学原料黏合起来的香不够纯粹。她宁愿用最原始的手工方式——燃一盏小小的火炉，上面放着一块薄薄的铁片，用小刀刮下细细的沉香屑，放在铁片上。微火舔着铁片，沉香屑从浅变深，一点一点化为灰烬。青烟袅袅，并不浓烈，若隐若现，在眼前缭绕，伴着唤醒老茶的过程。

紫砂是土，沉香是木，茶香徘徊其间，滋润我们一段草木心情。愿意谦开元中，泰山灵岩寺有降魔禅师，大兴禅教。学禅，务于不寐，又不夕食，皆许其饮茶。人自怀挟，到处煮饮。从此转相仿效，遂成风俗。

——封演《封氏闻见记》

恭等待的人，总能遇得着。

不如吃茶去

我常想，茶是我们感受生命的一种仪式。我们烹水泡茶、读茶解茶的过程，到处都是参悟。

擅长泡茶的行脚僧有一种生活方式，就叫“人自怀挟，到处煮饮”。他们随身都会带着一点茶，到了一个地方愿煮就煮，愿喝就喝，并且在喝茶时常能顿悟一些禅机。

有一个著名的禅宗公案故事。一位行脚僧问赵州禅师：“什么是禅？”

禅师反问他：“来过赵州否？”

行脚僧说：“未来过。”

禅师一笑说：“吃茶去。”

又有一个行脚僧来请教什么是禅。赵州禅师还是笑笑问：“来过赵州否？”

行脚僧说：“我曾来过。”

禅师一笑，仍旧回答：“吃茶去。”

七碗受至味，一壶得真趣。空持百千偈，不如吃茶去。——赵朴初

寺中的弟子甚为不解，就问师父：“为什么来过赵州的让他吃茶去，没来过赵州的也让他吃茶去？”

赵州禅师对弟子一笑，答案还是“吃茶去”。

“吃茶去”，已成禅宗典故。仅此一句话，胜过万语千言，茶禅一味在此相通。一切都来自于本心，如果不吃这盏茶，怎么能够了解茶的滋味呢？

听别人说绿茶如何清洌，乌龙如何甘醇，熟普洱如何丰厚，不过都还是别人的感受，唯有亲自品尝，才会有自己独有的、不可替代的感悟。禅宗用的就是这样一种本心的投入，让人在茶中品味四时流光的冷暖，品味不同人泡出的芬芳，品味自己茶中舒展的顿悟。

与一盏茶相遇，如同遇见一座山岚的风情，一朵云霞的美丽；如同听见一支歌，翻开一本书，都是一种缘定。茶禅一味，对于红尘中的你我，倒也不失为一种启发。有心之人，不妨将喝茶当成生活中一个小小的仪式，静心与清茗相随，定然有所体悟。

清茶洗涤过的一生，必有不同的滋味。

酒之品 ◦ 上

人生往来，在逆旅之间，离不开的就是这忧乐一壶酒。酒里头有多少心事，有多少传奇，有多少欢喜，有多少悲伤，每个人都自有感悟。

仪狄

相传是夏禹时期执掌帝膳的女官，我国最早的酿酒人。《战国策》记载：『昔者，帝女令仪狄作酒而美，进之禹，禹饮而甘之，曰：「后世必有以酒亡其国者。」』

杜康

即少康，夏朝的第五位君主。传说他发明了以高粱为原料的秫酒的酿造方法，为后人尊崇为『酒圣』。

古人云："万事可忘，难忘者铭心一段；千般易淡，未淡者美酒三杯。"说的是人这一辈子有很多事情可以忘记，但内心求名逐利的这点愿望总是放不下。有了欲望就有了烦恼，别的东西都能看淡，但有欲望、有烦恼时如何能解脱，唯有美酒三杯。所以，酒与人的一生相伴相随，悲欢苦乐尽在其中。

酒出现的前提条件之一，是农业已经有了耕种，能将野生谷物培育成种植物。前提条件之二，是要确保粮食有一定的产量，有所剩余。可以说，在漫长的农耕文明中，酒属于奢侈品。

考古发现，大约在一万两千年前的新石器时期，农耕文明的初始阶段，就有了酒的酝酿。当时华北地区主要种植物为粟和黍，长江流域以水稻为主，这些作物都能够用来酿酒。

那么酒又是谁发明的呢？传说之一，认为夏禹时期的仪狄是最早的酒的制造者。另一个流传更广的传说则认为，杜康才是酒的发明者。这个传说因为曹操《短歌行》中的"何以解忧，唯有杜康"而闻名遐迩。当然也有人说，酒本身就是天造地设的，并非某一个人的发明，而是经过劳动者长期发现和积累逐渐制造出来的。

酒的发现过程，也是一个不断提纯的过程。酒的度数越来越高，酒中的含义也越来越丰富。早期的酒名为"醪"，其实是一种甜酒，制作过程很短，类似于现在的甜酒糟。后来经过反复提纯，尤其是发明了蒸馏法以后，酒变得更清亮了，酒精度数也就大大提高了。

蒸馏酒出现之前，酒的最高度数不超过二十度。唐诗里常有豪饮的描绘，李白在《襄阳歌》诗中写道：“百年三万六千日，一日须倾三百杯。”除了酒仙的豪情海量，也和当时酒的度数低有关。这种酒甜甜的，喝多了让人有一种微醺的酣畅。可是经过蒸馏之后的酒，度数就能达到五十度左右，接近于今天的白酒，酒量再大的人，无论如何也是喝不了三百杯的。

人生之酒

中国人的这一辈子，日复一日，年复一年，酒在生命中出现的频率实在是太高了。

孩子出生，家里就会摆酒庆贺。从满月酒到抓周酒，酒开始相随人生。升学要办拜师宴，婚嫁要喝喜酒。江浙一带有这样的习惯，孩子出生时，如果生的是女儿，就酿一坛黄酒，埋到地下，等她出嫁时取出来，叫作“女儿红”；如果是男孩，同样也会酿一坛黄酒封存好，等他考学成功时开封，名曰“状元红”。

人生轮回，始终有酒相伴相随。最有趣的是迎接新生命诞生时要喝酒，屠苏酒是一种药酒，传说为汉末名医华佗创制而成，在酒中泡入大黄、花椒等药草，于除夕夜进饮，可以防瘟疫、祛百病。南朝梁代宗懔的《荆楚岁时记》记载：『岁饮屠苏，先幼后长，为幼者贺岁，长者祝寿。』

老人过世，入土为安时也要喝酒。在中国人的观念中，结婚生子是红喜，寿终正寝是白喜。

四季流转，中国人的重大节庆也离不开酒。

春节时喝酒，喝的是屠苏酒，祈祷来年平平安安、吉祥安康、少病少痛。这年酒也有讲究，所谓“少者得岁，故贺之；老者失岁，故罚之”。其他场合的酒是从长到幼按辈分喝，唯有屠苏酒则按从小到老的顺序喝。一切形式都和祈福祈寿的美好愿望相关。

元宵节要喝酒，三月三上巳节要喝酒，到了清明就更得喝酒。

清明这一天是不能动烟火的。人吃了凉食，需要发热出汗，避免积食，所以要喝酒。酒后乘兴登高，放声呼号，慎终追远，来缅怀故人。风清景明之时的美酒，被赋予了更深远的意味。

端午节时喝雄黄酒。传说中白娘子就是因为喝了雄黄酒才现出原形的。

再往后就到了中秋节，要喝桂花酒。朗月当空，一家人手捧桂花酒，聊着与月亮有关的故事传说。月亮上树影婆娑，吴刚在一斧一斧地砍那棵永远不倒的桂树，那桂花在月宫里就成了佳酿，伴着神话洒落人间，还有一番醺然滋味。

九九重阳节登高远眺，民间讲究喝菊花酒。岁岁重阳，黄花遍地，把酒临风，在丰美季节祈祝生命安康。

人生往来，在逆旅之间，离不开的就是这忧乐一壶酒。酒里头有多少心

箕子

名胥余，纣王的叔父。官居太师，以贤良著称。纣王失甲子的故事，出自《韩非子·说林》上篇：『纣为长夜之饮，欢以失日，问其左右，尽不知也。乃使人问箕子。箕子谓其徒曰：「为天下主而一国皆失日，天下其危矣。一国皆不知而我独知之，吾其危矣。」辞以醉而不知。』

事，有多少传奇，有多少欢喜，有多少悲伤，每个人都自有感悟。

可以说，酒是世上最好的东西，因为它让人诗思烂漫，让人意气飞扬，让人酣畅淋漓，笑傲千古。酒也是世上最坏的东西，那些烂醉如泥的酒鬼，那些无法自持的醉汉，也往往酒后乱性、酒后失言。懂历史的人知道有一种被称作“鸩酒”的酒，混合剧毒，常用于政治权谋之中。宫廷争斗中常有以鸩酒赐死，可见这酒也并非都是善物。

所以，杯中之物，清浊在乎人心。

兴亡之酒

酒的制造史、演变史悠远流长，而酒中所蕴含的人文历史也同样绵长深远。追溯历史，圣明的君主与酒相关的故事汗牛充栋，暴虐的帝王与酒的传说也是罄竹难书。所以我说酒是最好的东西，也是最坏的东西，关键看酒杯握在什么人手中。

商纣王是历史上最有名的暴虐之君。他嗜酒如命，所建酒池之巨，甚至可以行船；酒池容量之大，一次可以容纳三千人痛饮。

纣王沉湎于酒色，不仅不问朝政，甚至连岁月纪年都忘了。一次，他酩酊大醉而“失其甲子”，不知道现在是什么年头。该怎么办呢？他醉醺醺地想，虽然自己的脑子不清楚，但还有贤良的大臣啊。于是就问大臣箕子。箕子知道吗？当然知道。箕子能回答吗？当然不能回答。因为在此之前，纣王已问过了百官，百官都说不知道。在昏君面前，一个清醒的人也要装醉、装糊涂。

为什么会这样呢？箕子说，国君如果“失其日”，那就是国君昏庸，国家就变得很危险了；如果大家都不知道是什么年头，只有我知道，我也就危险了。为了明哲保身，他只得佯装醉眼看世相。

这个故事记载于《韩非子》中，未必是信史。《韩非子》善用寓言来讲道理，但是这个故事也可以让我们玩味良久。

首先，在商纣王时代，饮酒已经可以如此声势浩大；其次，酒在政治里是一个微妙的点缀，酒可以致昏，酒也可以致醒，酒致昏可以亡国，酒致醒可以让人用装糊涂来隐忍内心的痛楚，以明眼观世道。

纣王之后好酒的君王也很多。战国时的齐威王也好酒，他不仅自己饮酒，也经常赏赐酒给大臣。有一次，他在宫中设酒宴，赏酒给贤臣淳于髡。他问淳于髡：“你的酒量如何？”淳于髡说：“我的酒量说不准，有时候喝一斗就会醉，有时候喝一石也才刚刚好。”

齐威王很奇怪，既然一斗酒就醉了，怎么还能喝十斗，也就是一石呢？

淳于髡

战国时期齐国大夫。以博学多才、能言善辩著称，言辞诙谐，善用隐语，常用隐言微语的方式讽谏齐威王居安思危，还多次代表齐王出使列国，周旋于诸侯之间。这段论酒的叙述，出自《史记·滑稽列传》。

就问：“你到底有多大酒量啊？”

淳于髡答曰：“喝酒这件事要看心情。为什么说一斗酒会醉？譬如您赐酒给我，文武百官都在旁边看着，我战战兢兢，唯恐说错话，失言获罪。喝酒时心思很重，一斗酒肯定就醉了。如果文武百官大家在一起会饮，会稍微轻松些。但大家同朝为官，互相有猜忌，喝到两斗酒也就醉了。如果是很久未见的朋友聚会，大家开怀畅饮，喝上三四斗酒，差不多就醉了。如果是一帮部属下人，摆酒设宴，迎奉伺候我，心情欢畅，喝五六斗酒也未必会醉。如果是夜深人静，一席人纵情欢饮，酣畅淋漓，又有歌女助兴，七八斗一直喝下去，也没准喝到一石酒才会醉。”

齐威王算是一位明君，听出了淳于髡的弦外之音，从此喝酒变得有节制了。

如同淳于髡所言，人的酒量是不定的。心头烦闷之时，借酒浇愁，一两杯下去，人就已经烂醉如泥了。因为此时此刻需要借酒将自己放下来，酒后吐真言，嬉笑怒骂皆因酒。

所谓千杯不醉，那一定是酒量吗？更准确地说，其中也有心量。心情欢畅，神清气爽，酒量自然就大。

酒，是一个意味深长的载体，从其中能读出世事人心。小到个人悲欢，大到国家兴亡，都在一杯之中。

春秋时，秦国和晋国是相邻的两个强国。两国为争夺霸权，互有征伐。另一方面，为了自身利益的需要，又互相联合，甚至彼此通婚，进行政治联姻。秦穆公的夫人即为晋献公的女儿伯姬，晋献公的儿子晋文公的夫人文嬴，便是秦穆公的女儿。后来，人们将男女之间的婚姻也称作结为『秦晋之好』。

秦穆公伐晋，及河，将劳师，而醪唯一钟。蹇叔劝之曰：『虽一米，可投之于河而酿也。』于是乃投之于河，三军皆醉。

——窦苹《酒谱》

人心之酒

从先秦的诸多历史记载中，都可以看到酒的力量。

秦穆公是春秋时期一位非常有作为的君王，曾经吞灭了西边的十二国，称霸西戎。《左传》上记载，秦穆公为了扩张领土，去征伐晋国。两国原本是友好邻邦，成语中的“秦晋之好”就是源于此。

大军来到黄河边，声势浩大，意气风发。秦穆公决定在此誓师。有人递给他一杯酒，但其他将士手中无酒。如果自己独饮，就起不到鼓舞士气的作用。但一杯酒又该如何分呢？束手无策之际，大臣蹇叔提了一个非常具有浪漫主义色彩的建议：将这杯酒倒入黄河，大家一起饮河水。于是君王与将士共饮一杯酒，如同火种般点燃三军士气，乘兴东进，大获全胜。

他们喝的是酒，还是水？也许都是，也许都不是。酒在这时只是一个符号，酒中所凝聚的那种豪情、那种信念，浩浩荡荡，随着河水直入人心。

秦穆公与酒的缘分还不仅如此。

一次出行路途上，穆公发现自己车右边驾辕的一匹骏马跑丢了，于是派人四处寻找，后来发现是被祁山山阴下一群山野之人抓走了。这些人没受过教化，他们将马宰了，正在烤着吃。

秦穆公手下人都知道他爱马，尤其是钟爱这匹骏马，现在居然被人宰杀了，如何得了。于是，手下人就将这些人抓了起来，想要杀死他们。

秦穆公不愧为春秋五霸之一的贤明君王，他指着那些山野之人说："马再好也就是牲口，我们不能因爱惜牲口而伤人的性命吧。马肉那么粗糙，他们就这么烤着吃，恐怕难以消化。这样吧，再送一些美酒给他们，索性让他们吃个痛快。"

这样的举动，一个等闲之辈能轻易做到吗？

春秋战国是一个动荡纷争的时代，国与国之间动辄互相征伐。晋国大旱时，秦国慷慨赠粮。第二年秦国大旱时，向晋惠公求粮，却遭到拒绝。于是，秦穆公下令征讨晋国。

由于连年大旱，秦国兵力不振。韩原大战时，敌强我弱，伤亡严重，秦军节节溃败。就在此时，忽然杀出一支来历不明的三百人的队伍，他们拼死顶在秦军阵前，将晋军杀得溃不成军。

他们是谁？有什么来历？原来就是秦穆公赐美酒的那群山野之人。他们回去后口耳相传，认为遇到了一位真正的明君贤主。当看到秦穆公有难时，他们奋勇相助，以谢当年的不杀之恩和赠酒之情。

韩原一战，秦国俘虏了晋惠公，对于秦穆公最后的称霸，可谓是关键的一役。可见，喝酒非小事，酒可以得人心，可以定江山。

清醒之酒

一些人喝酒越喝越糊涂，另一些人则越喝越清醒。这种清醒往往是假装醉意来自我掩饰。

读过《三国演义》的人都熟悉一个章回——曹操与刘备“青梅煮酒论英雄”。曹操是一个胸怀远大之人，二十几岁就立志平定天下。他名义上辅佐汉献帝，实则“挟天子以令诸侯”，自称丞相，拥兵数十万，天下不少英雄都归附了他。刘备虽然志存高远，却势单力薄，带着两个结拜兄弟寄人篱下。他知道曹操生性多疑，只得韬光养晦，每天就在后园挑水种菜，做一些不起眼的小事，遮掩耳目。

一天，曹操邀请刘备到府上饮酒。此时梅子由青转熟，以青梅煮酒，别有一番风味。饮到酒酣处，忽然间狂风大作，电闪雷鸣。

曹操说：“你瞧，天上起了龙卷风，咱们就说说龙吧。龙是什么？在天地中，能伸也能隐，如同当世之英雄。你说说看，当今乱世，堪称英雄的有几人？”

刘备揣测着回答：“袁术算是英雄？袁绍算是英雄？刘表该算英雄吧？孙策能算英雄吗？”将当今风云人物一一罗列出来。

曹操笑而不答，突然指着刘备说："你说的这些人都算不得英雄，真正的英雄，天下只有你我二人。"

刘备一听，以为自己的英雄大志被曹操识破了，心中大惊，手中的筷子啪地掉到地上。

恰巧头顶轰然一声惊雷。借着雷声，趁着酒意，刘备自我掩饰道："如此大的雷声，吓坏我了。"然后哆哆嗦嗦地将筷子捡起来。虽是酒酣，但刘备内心却十分清醒，故意表现出一种怯弱。

曹操一直注视着刘备。他原以为此人气度不凡，却见他喝酒并不豪迈，一个惊雷都将筷子吓掉了，于是，就断定他也不过是庸常之辈。一个是借酒试探，一个是假醉掩饰，也算得英雄际会了。

今天的酒桌之上，人一旦喝多了酒，也往往会一逞英雄豪气，趁着酒兴说尽自己的凌云壮志，但是没有几人能像刘备般清醒，韬光养晦，留一段英雄气概于蕴藉含蓄之中。

从容之酒

醉酒之后放浪形骸，失言失德，因为人对酒失去了控制。如果能有效控

裴度（765—839年）

河东闻喜（今山西闻喜东北）人，唐代政治家。宪宗时主持平定吴元济等藩镇割据势力，使唐朝一度出现中兴局面。后官至中书令（宰相），封晋国公。裴度失印的故事，见于唐人所撰《玉泉子》一书，作者已不可考。

制自己，酒在人生中也不失为一样精彩的道具。

唐朝时，裴度做国相。一天傍晚，公务完结，大家正在聊天，突然有人急急来报：不得了，相印被偷了。遇到这样的事情，一般人会是什么反应呢？立即封闭相府，马上对所有人进行搜查？禁止任何人出入？这都是常人的做法。但裴度却与人不同，他摆开宴席，召集大家一起来喝酒，根本不提相印丢失一事。

属下不知其意，只得按照他的吩咐去做。席间，裴度神色泰然，举座把酒欢歌，一直到夜幕沉沉。众人酒意酣畅之时，有人悄悄来报，相印自己又回来了。

大家满心疑惑，裴度这才解释说："太平盛世，是不会出大事的。无非是哪个小官吏偷了相印，悄悄地盖什么文书。如果夜晚突然搜查，他一时情急，要么将印扔到河里，要么烧毁了。印要是真没了，事儿才真的大了。所以，不如在这里喝酒，让他感觉到我全然没有察觉，用完后就悄悄物归原处了。"

这件事体现了裴度的智慧和雅量，为后人所称道。裴度失印，是以酒写就的一种从容，是一种面对情急之事的缓冲。

959年，周世宗柴荣驾崩，七岁的恭帝即位。殿前都点检、归德军节度使赵匡胤，与禁军高级将领石守信、王审琦等结义兄弟掌握了军权。翌年正月初，传闻契丹兵将南下攻周，宰相范质未辨真伪，急遣赵匡胤北上御敌。周军行至陈桥驿，赵匡胤的弟弟赵匡义和赵普等密谋策划，发动兵变，以黄袍加在赵匡胤身上，拥立他为皇帝。随后，赵匡胤率军回师开封，石守信等人开城迎接赵匡胤入城，胁迫周恭帝禅位。赵匡胤即位后，改国号宋，仍定都开封。史称这一事件为『陈桥兵变』。

智慧之酒

酒会误国，如纣王嗜酒贪色；酒也可成就一番江山伟业。朝代更迭、社稷变迁中，酒也起过不小的作用，其中以宋太祖赵匡胤“杯酒释兵权”最为人所熟知。

赵匡胤原是后周大将，周世宗去世之后，他继位的儿子年仅七岁，主弱臣强，给了赵匡胤军事政变最好的时机。一次，赵匡胤受命出征，拥有重兵的他走到陈桥就止步不前，被部下黄袍加身，史称“陈桥兵变”。

夺取天下后，赵匡胤时时担心自己的下属也像自己一样兵变夺权。这样的担心也并非多余，他“黄袍加身”不到半年，就有两员大将反叛了。于是，已经成为宋太祖的赵匡胤摆了一席豪奢酒宴，将石守信等一批手握重兵的老将恭恭敬敬地请来。

酒过三巡，宋太祖终于开口了：“今天虽然创建了大宋江山，但是总担心有人夺权，你们说我该怎么办呢？”

石守信一干人听了这话，纷纷表态献忠心：“现在是太平盛世，大家都很安稳，不会出现您所担心的事情的。”

赵匡胤却说：“也许有一天，有人也会找件黄袍给你们披上，这种事情范蠡遂去，自齐遗大夫种书曰：『飞鸟尽，良弓藏；狡兔死，走狗烹。越王为人长颈鸟喙，可与共患难，不可与共乐。子何不去？』种见书，称病不朝。人或谗种且作乱，越王乃赐种剑曰：『子教寡人伐吴七术，寡人用其三而败吴，其四在子，子为我从先王试之。』种遂自杀。

——司马迁《史记》

谁能预料啊！”此言一出，在座的将帅们面面相觑，惶惶然不知如何回答才好。

看到大家战战兢兢的样子，宋太祖又徐徐说道：“其实你们说的也对，人间太平是最难得的，如果能置些田产，守着一份富贵，像今天这样，手捧美酒，在自己的园子里喝上几杯，也不失为人生至乐。”

此酒一喝，此话一说，傻子都听得懂皇上的意思。第二天赵匡胤就收到了许多辞呈，石守信等老臣纷纷请辞官位，告老还乡。宋太祖顺水推舟，赠送给他们丰厚的金银财宝、美女良田。

开国打天下的功臣，一旦拥兵自重，功高盖主，就命悬一线了。古往今来，一直如此。春秋吴越之争后，越国大夫范蠡要去泛舟五湖，同僚文种挽留他一起当朝为官。范蠡说：“飞鸟尽，良弓藏；狡兔死，走狗烹。”话说得很明白，江山已定，还赖在这里，岂不是找死吗？范蠡美人相伴，泛舟江湖，成就了旷世传奇，而贪恋官场的文种，没过多久果真被越王勾践杀了。

宋太祖“杯酒释兵权”，一杯酒换来大宋几百年的太平盛世，有他的一份雅量，有他的一种仁慈。其中虽然有心计，但君臣杯酒之间达成的默契，不失为各自最好的选择。

谁说酒中成不了大事？酒中有江山的更迭，酒中有政权的变化，酒中有忠臣的进谏，酒中也有君主的选择。

豪情之酒

翻开卷卷青史，会发现历史上发生的许多大事，常常与酒相连，往往与酒相关。酒能毁人，也能成就人。人与酒之间创造了许多激荡人心的传奇。

在汉高祖刘邦与西楚霸王项羽风云激荡的楚汉之争中，就有一场至为关键的酒宴——鸿门宴。

当时，项羽和刘邦分兵伐秦，按照之前的约定，谁先进入函谷关攻下咸阳，天下就拥戴谁称王。结果项羽一路遭遇了秦军主力，几番苦战才来到函谷关前，而只有十多万兵马的刘邦，一路高歌猛进，竟先于拥兵四十多万的项羽入了函谷关。项羽心中不服，认为刘邦用了机巧。谋臣范增进言说，以我们的实力，完全可以诛灭刘邦，不妨设一场宴席请他赴会，在席中将他杀了，以绝后患。项羽把范增尊为“亚父”，依言设宴鸿门。

觥筹交错之间，宾主双方言辞不外乎一些客套，但机锋闪闪，心照不宣。尤其是前来示好的刘邦，内心更是惴惴不安。范增不断暗示项羽当机立断杀掉刘邦。而项羽觉得刘邦也算一位盖世英雄，总是不忍下手。

犹豫迟疑之际，范增焦急无奈，只得出去和项羽的弟弟项庄商量，让他假装舞剑助兴，寻机刺杀沛公。所谓“项庄舞剑，意在沛公”，形容的就是这个时刻。

项羽的叔父项伯看出了他们的意图。此时的项伯已经被张良收买，与刘邦结为了儿女亲家。他见大势危急，起身拔剑与项庄对舞，每每用自己的身体护住刘邦。

值此一刻，千钧一发，万一项庄得手，刘邦随时会命丧鸿门。身边的张良情急出帐，找来刘邦的骖乘樊哙。

樊哙是个猛士，听说主公危急，提着宝剑拥着盾牌直闯大帐。进来之后，直挺挺地站在当中，瞋目怒视，头发直竖，一股慷慨之气几乎将帽子都顶起来了。

项羽大惊，按剑起身，问："来者何人？"

旁边的人告诉他，此人是沛公刘邦的随臣樊哙。

樊哙怒发冲冠的样子让项羽一见就喜欢，不禁赞叹："此人真乃壮士，赐酒一斗。"

樊哙也不客气，拜谢之后站在那里一饮而尽。项羽又赐给他一个还没煮熟的猪肘子，樊哙把盾牌往地上一放，将猪肘子摁在盾牌上，用剑割着吃完了。

项羽赞叹说："真是壮士，还能再喝吗？"

樊哙朗声答道："我连生死都置之度外了，一斗酒有什么好推辞的？"

喝到酣畅淋漓时，樊哙借酒陈词道："过去秦王有虎狼之心，杀人无数，

大家是为诛灭暴秦才起兵的，并且约好谁先入函谷关谁就为王。我们沛公运气好，先入了函谷关。但进入咸阳城后，毫毛不敢有所动，将皇宫都封存起来，将军队退到霸上，所有财物、美女丝毫未动，等待项王的到来。沛公如此恭敬，不仅没有得到封侯之赏，大王反而听人挑拨，要杀有功之人，这种做法，和虎狼之秦有什么区别？”

如此义正词严，如此慷慨激昂，项羽由主动变成了被动，只得邀请这位豪饮的壮士坐下一起喝酒。沛公刘邦则谎称去解手，趁机逃跑。等他走远了，张良才向大家谢罪。

鸿门一宴，力拔山兮气盖世的西楚霸王失去了击杀沛公的最好机会，此后江河日下，为乌江兵败自刎埋下了伏笔。楚汉之争，在兵力较量上有很多必然条件，而勇士樊哙的出现，则是一系列必然中一个闪光的偶然。正是这样一位将生死置之度外的勇士，一逞酒中豪情，才让后来的汉高祖刘邦脱险。这个瞬间也因此而成为历史的转折点。

许多历史的必然，总在一个偶然的事件下被定格为一段不可改写的传奇。从有记载的史料中看，樊哙此人并无太大的战功，也看不出有多少文墨。但当他将自己的酒中豪情在一个关键时刻充分展现出来，小人物融入大命运时，历史就被铸就了另外一种模样。

类似的故事还有很多，譬如《三国演义》中的刘、关、张三兄弟一起打天下的传奇。三人之中，最豪迈的是关羽，他“温酒斩华雄”的故事，更是妇孺皆知。

曹操招兵买马，会合袁绍、公孙瓒、孙坚等十七路兵马，共讨董卓。刘备、关羽、张飞追随公孙瓒，一起加盟到讨逆大军中。当时董卓的大将华雄，在汜水关独拒十八路兵马，打败了孙坚，又在阵前斩杀两员大将，志得意满。

关东联军一片恐慌，束手无策。袁绍说："真可惜，我的大将颜良、文丑都不在，要是他们在，就不怕华雄了。"

话音刚落，就听关羽说："末将愿取下华雄的人头。"

袁绍且惊且喜："此乃何人？"

公孙瓒答："此人是刘玄德的把兄弟关羽。"

袁绍又问："现居何职？"

公孙瓒说："是刘玄德手下的马弓手。"

这时，袁绍的弟弟袁术按捺不住心中不屑："你这是在嘲笑我们十八路诸侯都没有一位拿得出手的战将吗？一个小小的马弓手竟然在这里大放厥词！"

袁绍也很不以为然："让一个马弓手出战，岂不是让人笑话吗？"

还是曹操有识人的眼光，他说："我看关羽仪表不凡，华雄怎么会知道他是马弓手？就让他出战吧，若未能取胜，再来责罚他也不迟。"

关羽应声而答："如果不能取华雄首级，你就取我首级吧！"

这一身英雄豪气，让曹操大为欣赏。他温了一杯热酒，为关羽杀敌助威。

关羽放下酒杯说："还是取了华雄的首级再喝吧！"说完，提着青龙偃月刀杀出了帐门。片刻之间，他就提着华雄的人头回来了，那杯酒还温热尚存。后人有诗称赞：

威镇乾坤第一功，辕门画鼓响咚咚。
云长停盏施英勇，酒尚温时斩华雄。

要浏览过多少英雄传奇，才能渐渐懂得酒在一个人的生命中的精彩。武士的豪迈都在酒中呈现，酒也助英雄尽展威武。英雄的豪迈把盏之间可以凌云，而平时怯懦的人也可能因为美酒入肠舒展了胸襟，一时酣畅间遇见勇敢率真的自己。

千古文人都怀着侠客的梦想，酒中的故事有些源自真实的历史，也有不少是生花妙笔的演绎。重要的是，如果你真诚相信，就会了解酒在某一时刻能成为勇气和豪迈的支点。

在我儿时的记忆中，最流行的文艺形式就是样板戏。八大样板戏中我最喜欢的是《智取威虎山》，尤其是"打虎上山"这一场，侦察排长杨子荣乔装土匪，穿林海跨雪原气冲霄汉，打死猛虎之后，随土匪进入座山雕的威虎山，开始了里应外合的歼匪计划，杨子荣高擎酒碗唱道：“今日痛饮庆功酒，壮志未酬誓不休。来日方长显身手，甘洒热血写春秋。”

这是我童年时听到的最为精彩的浪漫主义和英雄主义宣言。杨子荣那一段天地豪情的朗朗笑声，至今依然回响在我的记忆深处。那样一份写意、一种潇洒，都融入酒中。

自古而今，酒在人们生命中扮演了一个重要的角色。人的性情，在酒中会十倍百倍放大。心事重重之人遇酒会更加沉闷，胸襟宽阔、豪气干云的人在酒中会越发壮阔。酒逞英豪，并非一时兴起，而是长期酝酿的性情被美酒点燃，喷薄而出。

酒的滋味有浓有淡，酒里的情致有喜有悲，饮酒的人也有醒有醉。不妨选个合适的时间，或独酌，或对饮，或酣畅，或微醺，以美酒试一试自己的至情至性，触摸一处内心不轻易打开的地方，那一刻，或许我们也能酿造自己生命的传奇。

酒之品 ◦ 下

酒者，就人性情。不少人一生沧桑，跌宕浮沉，都曾伴着一杯酒。同样的酒在不同人的生命中，境界大不相同。有些人能在酒中保持操守，有些人却在酒中蹉跎了生命。

酒，就也，所以就人性之善恶也，亦言造也，吉凶所由造也。

——许慎《说文解字》

举世皆浊我独清，众人皆醉我独醒。

——《楚辞·渔父》

让我们追本溯源，探讨一下酒到底是什么。

《说文解字》上对酒的解释意味深长，“酒，就也，所以就人性之善恶也”。何谓“就人性之善恶”？其意是指，酒这个东西，是对人的性情的顺应。如果本性善良，酒会将其善良酝酿得更为博大、更为深远；如果本性为恶，酒就成了助纣为虐的东西。

酒就人性情，人的性情成长也在酒里被铸就。不少人一生沧桑，跌宕浮沉，都伴着一杯酒。黄庭坚有诗云：“桃李春风一杯酒，江湖夜雨十年灯。”讲的是少年时朋友聚在一起喝酒，所有快乐都在酒中。后来大家各奔东西，颠沛流离，十年江湖夜雨，经历了许多世事坎坷。之后，中年聚首，把酒无言。一杯酒竟有如此大的容量，可成就精彩，也可容纳悲怆。

大家都敬重沉江殉志的三闾大夫屈原，却未必懂得他辗转于心的深深苦闷。晚年时，眼见自己的家乡楚国郢都岌岌可危，自己却被听信谗言的楚王放逐在外，无能为力。在江边，他与渔夫问答，说到自己的状态，“举世皆浊我独清，众人皆醉我独醒”。他人相劝，说众人都醉了，你何不也吃点儿酒糟，与大家一样随波逐流呢？而屈原恰恰无法做到。这是一个清醒者的苦恼。有酒而不能酣畅，无法糊涂，秉持一份坚执的清醒，就酿成了屈原无法安顿的忧思。

古人说：“若无花月美人，不愿生此世界。”清人张潮下接了一句：“若无翰墨棋酒，不必定作人身。”如果世上没有舞文弄墨的闲情寄托，没有敲魏晋是一个动乱的年代，也是一个思想活跃的时代。朝代的更迭，思想的碰撞，理想的追求，造就了后人传颂的『魏晋风度』。士人们多特立独行，又喜欢吟咏诗文，聚集议论学问。著名的『竹林七贤』，即阮籍、嵇康、山涛、刘伶、阮咸、向秀、王戎，在生活上不拘礼法，常聚于林中喝酒纵歌，清静无为，倜傥洒脱，他们所代表的『魏晋风度』得到后来许多知识分子的赞赏。

棋手谈的妙趣，没有美酒流连来承载忧伤与欢喜，此生是否来人世间还未可知。一切只为"翰墨棋酒"。酒中虽然徘徊着重重叠叠的忧思，但酒也能让人格外清醒，借以洞悉世相，更洞悉自己的内心。

酒隐一场红尘心事

谈到酒，总会让人联想起一个时代——魏晋。

那是历史上一个非常独特的时代，经历了多年的战乱浩劫，人生的沉浮跌宕，名士多沉湎于诗酒放浪。虽然有些荒诞不经，却是至情至性，百味杂陈。所谓魏晋风度，名士风流总带着些微醺甚或酩酊的味道，有人以酒赋诗，有人借酒浇愁。而当时最著名的文人之一阮籍，却与众不同。他以酒避祸，开了以酒逃避政治的先河。

当时，司马家族已实际控制了曹魏政权，独揽朝政，大杀异己。阮籍心属曹魏旧营，对司马氏的专权心怀不满。但是，他明知无力回天，只能逃避，只可惜浊世里没有一个世外桃源。

司马家族的人常请他去喝酒，他也每席必到，而且每次都会酣然大醉，醉得不省人事。他留在大家印象里的素描就是今生与酒为伴，活着就要畅

阮籍（210—263年）

字嗣宗，陈留尉氏（今属河南开封）人，三国时期魏诗人。曾任步兵校尉，世称『阮步兵』。与嵇康、刘伶等六人为友，常集于竹林之下饮酒、弹琴、赋诗，肆意酣畅，世称『竹林七贤』。

饮，不醉不归。余下的时间就是闭门读书，或者登山临水，四处游历，全然不关心政治。

阮籍还有一个别号叫“阮步兵”。这个别号是怎么来的呢？有一年，他突然请求去步兵营做校尉。这样一个不问政治、明哲保身之人，怎么自己请官做呢？只因为他听说步兵营中贮藏了好几百坛美酒。不出去做官，会被人质疑；出去做官，也要与酒相伴，这还是为了掩人耳目。

司马昭给自己的儿子提亲，相中了阮籍的女儿，希望与他结为亲家。这个儿子就是后来的晋武帝司马炎。这在当时是一件多么了不得的大事啊！阮籍能推阻吗？不能！能逃离吗？无处可逃！他能逃到哪里去呢？唯一的地方就是酒里。

提亲的人上门来，结果发现阮籍喝醉了，舌头僵硬，不省人事，只好打道回府。第二天又去，阮籍还是醉着，从此一直醉下去，一醉就是两个月，而且天天都是酩酊大醉。司马昭见阮籍如此，提亲一事只能搁下了。

可以想象一下醉后的那种痛楚。一个人如果天天醉酒，他的肝会受到巨大的伤害。但是，比伤肝更甚的是伤心。阮籍内心的愁苦挣扎又有谁能够理解？

阮籍在少有的清醒时刻，常常乘小轿，或者驾马车，率意而行，走到山林穷尽处，独自痛哭而后折返。在他的诗中，在他的琴中，在他的酒中，都有满怀一腔热情却郁郁不得志的逃避。

阮瑀（约165—212年）字元瑜，陈留尉氏（今河南开封）人，汉魏文学家，建安七子之一。

历史上有一个说法，叫“酒隐”，即在酒中隐逸。人们多以为隐居只在山林间，事实上，小小一杯酒也可以是归隐之处。

阮籍既不像嵇康一般抗争，因为性情刚烈而最终被司马氏斩杀；也不愿如山涛一般妥协，出仕为官。所以他只好在酒中一次一次逃避，蹉跎一生。但是最后一次，他终于未能逃得过去。

当时，朝中大臣请司马昭受封九锡，晋位晋公，司马昭假意推托，不肯接受。司空郑冲派人找阮籍，让他写一篇“劝进表”。以阮籍的文才，写出来定能折服天下，给司马昭搭一个大台阶。阮籍自然不愿意为司马氏溜须抬轿，于是躲到朋友袁孝尼家里喝酒，同样是酩酊大醉。可是这一次看来是逃不掉了，佯醉的他还是被带到了纸墨前。

阮籍被逼无奈，带着醉意写了这份劝进表。司马昭得以加封后，阮籍心中郁闷，万般愁苦，千回百转难以释放，同年冬天就去世了。一生隐匿于酒中的这位红尘大隐，不敢清醒，不愿清醒，一旦清醒，生命就无处遁逃。

酒风是有传承的，阮氏一族就是例证。阮籍之父阮瑀以酒闻名，曹操的儿子曹丕称他是“书记翩翩，致足乐也”。阮瑀即使是酒醉之后，写出来的文书也十分优美，无须改动一字。

而阮籍的侄子阮咸，则是竹林七贤中较为年轻的一位，行为也是放浪不羁。阮籍的孙子阮修，同样是一位大名士。他出门的时候，经常在杖头挂着百吊钱，路遇酒店就取下钱来买酒狂饮。后来人们就将买酒的钱称为“杖阮宣子常步行，以百钱挂杖头，至酒店，便独酣畅。

——刘义庆《世说新语》

刘伶（约 221—300 年）

西晋沛国人，字伯伦，竹林七贤之一。曾为建威将军王戎幕府下的参军。晋武帝泰始初，他向当权者谏言，主张『无为而化』，却被斥为无益之策，被罢免了官职。刘伶平生嗜酒，曾作《酒德颂》，宣扬老庄思想和纵酒放诞之情趣，被后世人称为『醉侯』。

头钱”。横挑酒钱，率意行走在乱世之中，有限年华，无限心事，阮氏几代人与酒的渊源，其中酿尽喜忧悲慨。

醉里乾坤

竹林七贤中，酒名最盛的当属刘伶。

刘伶曾经写过一篇《酒德颂》，其中有这样一段：“有大人先生者，以天地为一朝，万期为须臾，日月为扃牖，八荒为庭衢。”写得多么豪迈啊！说有一个气量特别大的圣贤之人，整个天地在他眼中不过是一个瞬间而已，世界是他的门户，八荒四野是他的庭院。这个人干什么呢？“止则操卮执觚，动则挈榼提壶，唯酒是务，焉知其余？”一天到晚喝酒，眼里哪里还有其他事情。

这篇《酒德颂》，可以说是刘伶的自我写照。

刘伶也像阮籍一样，喜欢驾车走在山野之上，但他驾的是很慢的鹿车。乘坐如此慢的车，都干些什么呢？一路上，他边看风景边喝酒。他还带着一个随从，扛着铁锹跟在后面。刘伶吩咐他，自己如果喝死了，走到哪里，就在哪里埋了。这就是名士的不羁，生死须臾，一杯酒就可以安顿。

在家中饮酒时，刘伶就更是放浪形骸。喝到酣处，浑身燥热，他就赤身裸体继续喝。造访的朋友一见，瞠目结舌，责备他太不像样了。刘伶醺醺然回答："天地就是我的房子，而这座房子就是我的衣裤。现在你跑到我的裤子里来指责我，你才没道理呢！"

看一看，这就是刘伶酒后眼中的世界。

刘伶终日醉意醺醺，夫人就劝他，劝也无用，夫人就哭着将酒坛、酒杯全给砸了。刘伶说："那好吧！我可以向鬼神发誓以后不再喝酒了。但发誓也该祭祀一下吧？"

夫人只好准备好酒肉，摆在神案上。刘伶对着鬼神都说些什么呢？"天生刘伶，以酒为名。一饮一斛，五斗解酲。妇人之言，慎不可听！"他在说，老天爷既然生下了我刘伶，就是要以酒为名，与酒结缘的。我一饮就是一壶，喝多了，再喝五斗来解酒。这辈子我注定就是要喝酒的，女人说的话怎么可以听呢？边说边喝，结果又是不省人事，夫人也只好无奈作罢。

南宋诗人陆游羡慕刘伶，曾感叹说，这辈子看到这样的人，就知道自己的志向了。"天上但闻星主酒，人间宁有地埋忧"，过去只知道天上有酒星，岂知地上居然也有喝到哪儿、死到哪儿，就埋到哪儿的人。"生希李广名飞将，死慕刘伶赠醉侯"，活着就希望像李广一样做一代名将，死后倘若能像刘伶那样被人称为"醉侯"，那也算是自己最向往的境界了。

陶渊明（约 365—427 年）

字元亮，号五柳先生，入刘宋后改名潜，东晋末期南朝宋初期诗人、文学家、辞赋家、散文家，浔阳柴桑（今江西省九江市）人。曾做过几年小官，后辞官回家，从此隐居。田园生活是陶渊明诗文的主要题材，有《归园田居》《桃花源记》《五柳先生传》《归去来兮辞》等名篇传世。

斜阳微醺照菊花

从竹林七贤一路而下，到了东晋时，又演绎出了不同的酒中风采。

人常说酒中可以隐逸，而天下隐逸之尊莫过于陶渊明。陶渊明爱琴，爱酒，爱诗书，爱闲散……一句“归去来兮，田园将芜，胡不归”，他将自己的魂魄从官场上招回来，心接万古，在酒中寄托了一份清醒闲适。

陶渊明有“酒圣”之称。早年家中困顿，无钱买酒，却嗜酒如命。朋友邀请赴宴，必定一醉方休。“吾常得醉于酒，足矣。”有酒常醉，便知足了，算是他的人生宣言。

一个人独处时就抚素琴、阅诗书，朋友来了就痛饮。他去别人家，喝完酒就走，“既醉而退，曾不吝情去留”；别人来自己家，他喝醉了，就告诉朋友，“我醉欲眠，卿可去”。陶渊明，就是这样一个酒中醉情的人，活得简单而天真，根本就不在乎世间的俗事俗礼。

陶渊明喝酒时全然不顾世情，却深受他人的敬重。人们敬重他的自尊，敬重他不肯为五斗米折腰的气节风神。朋友想送酒送钱给他，都小心翼翼地，不敢直说。

王弘是东晋、刘宋之交的大臣，他的曾祖父就是东晋开国功臣王导。王弘想给陶渊明送酒，以便结识他，但考虑到自己身居刺史之位，担心陶渊明

不愿接受。同样也是文人雅士，并且身居高位，想要礼赠一介布衣，心中却犹豫着抱有愧意，这可谓是真尊重。

想送又不能直接送，该怎么办呢？王弘找来一位二人都相识的朋友庞通之，精心安排他在陶渊明必经之路的亭子里摆了一桌酒席。

陶渊明路过，庞通之迎上他说，这么巧遇上了，我这里有好酒好菜，一起过来喝酒吧！于是，二人就在亭子中对饮。远远见王弘走过来，庞通之又说，这个人也是我的朋友啊！请他过来一起坐吧！

借着这样貌似偶遇的安排，王弘认识了陶渊明。这份小心翼翼，包藏着一份谦卑的恭敬。

陶渊明有一个好朋友叫颜延之。有一次，颜延之到陶渊明家做客，临走时给陶渊明留下两万钱，陶渊明分文未留家用，而是将这笔“巨款”悉数存入酒铺。这样一来，呼朋唤友一起喝酒，就可以底气十足，随时划账了。

即使在他很短时间的彭泽令任上，陶渊明也是到任之初就让人在自己的三顷公田里全部种上糯米，想用来造酒。妻子急了，说都种了糯米，靠什么为食，还是留出地来种大米吧！商量来商量去，一半种了糯米，一半种了大米。

还有一次，陶渊明去看人酿酒。谷物发酵后，要将酒糟过滤掉，一时找不到滤酒的布巾。陶渊明情急，摘下自己的头巾用来滤酒，就为了能立即品尝到这一口萦舌绕齿的美味。随后，他将滤完酒的头巾不经意地戴回头上。

这就是“葛巾漉酒”典故的由来。

酒给了陶渊明一份安顿，给了他生命的支撑。辞官归田之后，陶渊明写下了著名的《归去来兮辞》和《归园田居》，以明心志。

“策扶老以流憩，时矫首而遐观。云无心以出岫，鸟倦飞而知还。”每天在自己小小的庭院里散散步，看看天，看白云从山谷里飘出来，看小鸟倦飞归巢。“富贵非吾愿，帝乡不可期。”这一生对富贵并无追求，对得道成仙也不抱希望，自己一个人“倚南窗以寄傲，审容膝之易安”，就在斗室之中诗酒流连，自得其乐。宁可“带月荷锄归”，“种豆南山下”，也定要“但使愿无违”，不违背自己的心愿，过着那种“既耕亦已种，时还读我书”的日子，且自天真乐陶陶。

其实陶渊明喝的也许并非佳酿，即便是普通浊酒也不见得能有保障，但他的微醺灿烂了千古田园，他的斜阳温暖了一丛丛带霜的菊花。他一生困顿，却安贫乐道，堪称“酒中圣人”。

唯有饮者留其名

喝酒这件事，不同的人有不同的境界，也可以分出上中下品。

王绩（约589—644年）

字无功，号东皋子，绛州龙门（今山西河津）人，唐代诗人、名医。王绩出身官宦世家，却在仕途上郁郁不得志，曾三仕三退，后弃官隐居于故乡东皋村，以琴酒诗歌自娱，并以医药济人。

李白这样的酒仙，陶渊明这样的酒圣，都是饮者中的上品；刘伶那样的酒痴，阮籍那样的酒隐，他们在酒中有蹉跎，有放浪形骸，可算是饮者中的中品；但更多的人只能被称为酒徒、酒贼，甚至酒鬼，他们在酒中失德乱性，甚至丢了江山，此种人就是饮者中的下品。

为什么说酒会“就人性情”？因为同样的酒在不同人的生命中，充当了不同的道具。有些人能在酒中坚持，有些人却在酒中放弃。有些人在酒中坦现生命本真，有些人却在酒中躲避内心深处的声音。

初唐时期诗名才气最盛的是诗人王绩，他被后世视为五言律诗的奠基人。《新唐书·王绩传》中记载，王绩一生仕途坎坷失意，三进三出。他曾经在门下省当待诏，按例当此官者，每天能得三升酒。

一次，弟弟问他，像你这样散淡之人，“待诏何乐耶”，为什么要在这里当官？

王绩告诉弟弟，当待诏俸禄微薄，日子过得也极萧瑟，的确没有什么可留恋的，唯一的念想就是有良酿三升。能够喝些好酒，也算聊以自慰。

后来，这个话传到了他的上司陈叔达耳朵里。陈叔达也是性情中人，他说，三升也就是一般人的酒量，王绩这样的大才子喝三升酒哪里够啊！为了将王绩留住，特批给他每天一斗酒。王绩因此而得一雅号——斗酒学士。难道是他喜欢做官吗？当然不是，他不过是在官服下借酒挥洒着诗人的才情。

贺知章（659—约744年）
字季真，唐越州永兴（今浙江杭州市萧山区）人。晚年旷达不羁，自号四明狂客，又因其诗豪放旷达，人称『诗狂』。常与李白、李适之、李琎、崔宗之、苏晋、张旭、焦遂饮酒赋诗，时谓『醉八仙』。以《咏柳》《回乡偶书》两首诗最为脍炙人口。

若论酒中的诗情恣肆，千古莫过于李太白。一如杜甫所描写的，“李白斗酒诗百篇，长安市上酒家眠。天子呼来不上船，自云臣是酒中仙。”在酒里，李白酣畅淋漓，尽展他的旷世才情。

李白兴致勃发时，“人生飘忽百年内，且须酣畅万古情”，“且乐生前一杯酒，何须身后千载名”；忧愁时，“五花马，千金裘，呼儿将出换美酒，与尔同销万古愁”。此一瞬万古欢畅，彼一瞬万古哀愁，他借一双翅膀掠过天心，一翼是诗思，一翼是酒力。

李白敢说“百年三万六千日，一日须倾三百杯”，只因这一生在酒中，欢喜与忧伤远胜于常人，风云际会，美酒入心入怀，成就了李白不可复制的一生，故有“古来圣贤皆寂寞，唯有饮者留其名”的名句。

余光中先生评说李白：“酒入豪肠，七分酿成了月光，余下的三分啸成剑气，绣口一吐就是半个盛唐。”一个人，一杯酒，撑起半个盛唐气象，吟哦这样的诗句，令人心驰神往！

“天子呼来不上船”，皇帝来请都可置之不理的狂人，又是被谁唤起引去的呢？这个人就是贺知章，李白一生的酒中知己。

贺知章身居高位，曾任礼部侍郎、秘书监等职，却也是一个好酒之人。杜甫《饮中八仙歌》寥寥两笔勾勒了贺知章的写意神态：“知章骑马似乘船，眼花落井水底眠。”飘飘欲仙，摇摇晃晃，只因为他又喝多了。

贺知章受命去请李白。他之前已读过李白的《蜀道难》，“蜀道难，难于上青天”，那种磅礴的气势让他赞不绝口，以为惊天地泣鬼神之神笔。一见之下，为李白翩翩风采所折服，惊为天上贬谪凡间的仙人。李白“谪仙人”的雅称即由此而来。

贺知章见李白也嗜酒，便拉上他进了酒楼。两个人喝得酣畅淋漓，却发现酒钱不够了。怎么办呢？贺知章就扯下衣服上的金龟，意气豪奢地拍在案上，权当酒资！

说起这金龟，可比“五花马，千金裘”的价值大多了。唐朝的官员按照品级赐鱼袋，鱼袋上有不同的金属做的龟。四五品官用银龟，三品以上才能用金龟。贺知章的金龟为皇帝所赐，居然拿出来换了酒钱！此事后来成为一段酒中佳话，“金龟换酒”一词由此得来。

贺知章去世后，李白痛心疾首，写下了《对酒忆贺监》：

> 四明有狂客，风流贺季真。
> 长安一相见，呼我谪仙人。
> 昔好杯中物，翻为松下尘。
> 金龟换酒处，却忆泪沾巾。

以皇帝钦赐的金龟换酒，在翰墨琴书之中豪饮，这样的机缘相遇，真是一件赏心快事。盛唐诗人王维意气风发未经坎坷时，也曾写下这样一首诗：

"新丰美酒斗十千，咸阳游侠多少年。相逢意气为君饮，系马高楼垂柳边。"二人马上相逢，脾气相投，拴上马就上楼喝酒去了。酒中相逢的性情，有时即刻就引为知己，肝胆相照。

这样的酒宴文化，至今依然沿袭着。常有人说，带你认识一位新朋友，大家一起喝酒。可惜的是，今天酒桌上推杯换盏，往往与官场升迁有关，与商场交易相连。新朋旧友相逢聚饮，唏嘘情谊少，资源交换多。表面上看也是欢声笑语，甚至豪气冲天，但有人敬的是职位，有人敬的是投资，真正纯粹的酒却是越喝越少了。唯愿今天的酒桌上，能多一些超乎功利的意气相逢。

且尽生前有限杯

盛唐诗篇，李白和杜甫是两座难以逾越的高峰。

与李白奔放飘逸的酒相比，杜甫这一生的酒喝得顿郁沉雄。他在自传诗《壮游》中说自己"往昔十四五，出游翰墨场……性豪业嗜酒，嫉恶怀刚肠"，十四五岁就出入文坛，诗酒流连，是一个疾恶如仇、性情豪爽的人。早年饮酒为了悟世达行，为了在酒中寄托志向，"饮酣视八极，俗物都

朝回日日典春衣，
每日江头尽醉归。
酒债寻常行处有，
人生七十古来稀。
穿花蛱蝶深深见，
点水蜻蜓款款飞。
传语风光共流转，
暂时相赏莫相违。

——杜甫《曲江二首·其二》

茫茫”。

杜甫虽然比李白小十多岁，但二人却是至交。初次相识时，李白已是名士，他还默默无闻，但并不妨碍李白、杜甫、高适这三个人结为好友，一起饮酒赋诗。杜甫有诗云：“醉眠秋共被，携手日同行。”那真是一段瑰奇奢侈的日子。

李白一生豪爽天真，杜甫的生命则充满了寂寞孤郁。读李白的诗，看不到暮年；而杜甫的诗中却很少洋溢青春气息。

杜甫少有的欢畅都与酒有关。安史之乱后，杜甫流落四川，听说官兵收复了河南河北，他大喜过望，高呼“白日放歌须纵酒，青春作伴好还乡”。这样的豪情甚是难得，大多数情况下，他是“亲朋无一字，老病有孤舟”，“白头搔更短，浑欲不胜簪”。甚至病到不胜酒力，唯有“潦倒新停浊酒杯”，心意沉沉。

“莫思身外无穷事，且尽生前有限杯”，他深知一生能喝的酒是有限的，但是身外世相无穷无尽，想也想不完，做也做不尽，自己能把握的不过就是生前有限的几杯酒。这首意味深长的诗篇，有对家国不舍的追问，有不被世人理解的寂寥心事。今天回望杜甫，看到的是“飘飘何所似，天地一沙鸥”，形单影只，虽畅饮沉醉，依然无法释怀一襟清冷的凝重。

吟罢自哂，揭瓮拨醅，又饮数杯，兀然而醉。既而醉复醒，醒复吟，吟复饮，饮复醉。醉吟相仍，若循环然。由是得以梦身世，云富贵，幕席天地，瞬息百年，陶陶然，昏昏然，不知老之将至，古所谓得全于酒者，故自号为醉吟先生。

——白居易《醉吟先生传》

醉吟千古兴亡事

相比李杜，与之齐名的白居易也同样是一生酣畅。

白居易在家中建有酒库，酒坛子常放在床头。睡觉前最后一件事是喝酒，醒来后第一件事还是喝酒。他一生以酒为富有，以醉为豪奢，有酒便能醉。

他一生游历，四处为官，每到一处都要起一个与酒有关的别号。当河南尹时，自号“醉尹”；任江州司马时，号“醉司马”；后又受聘太子傅，给太子当老师，该清醒清醒了吧，但白居易照样自号为“醉傅”。

他在《北窗三友》中写道：“欣然得三友，三友者为谁？琴罢辄举酒，酒罢辄吟诗。三友递相引，循环无已时。”他还给自己起了个雅号，叫作“醉吟先生”。为此特意写了一篇名为《醉吟先生传》的文章，是酒史上不可多得的妙文。文章结尾处宣称：“既而醉复醒，醒复吟，吟复饮，饮复醉。醉吟相仍，若循环然。”醉了就会醒，醒来就想吟诗，吟到高兴处就要饮酒，饮多了就会酣醉。这样喝喝酒，吟吟诗，既清醒，又陶醉，周而复始，不失为人生一大乐趣。

白居易为官从政的生活也与他人不同，常常一乘小轿，四处游历。轿中左边放琴，右边放书，轿外吊着两个酒壶。书有陶渊明的诗集，有谢灵运的予饮酒终日，不过五合，天下之不能饮，无在予下者。然喜人饮酒，见客举杯徐引，则予胸中为之浩浩焉，落落焉，酣适之味，乃过于客。闲居未尝一日无客，客至，未尝不置酒。天下之好饮，亦无在予上者。

——苏轼《书东皋子传后》

诗集，这是他最爱的家当。就是这样的家当，让他可以于宦海颠沛中，活到七十四岁。人生七十古来稀，白居易算是当时的高寿者，也许与喝酒不无关系。在酒中，他将身边很多不平之气散尽，将自己内心的失意寥落化解。

读白居易的诗篇，能感觉到他的辗转反侧，他历经沧桑的情感波折。《长恨歌》中的“天长地久有时尽，此恨绵绵无绝期”，《琵琶行》中的“座中泣下谁最多？江州司马青衫湿”，这样绵长深沉的情思里，也酝酿着深沉的酒意。甚至在他身后，来洛阳龙门山祭奠白居易的人总不忘浇上一壶美酒，以至于墓前土地常常湿漉漉的，香气不散。

一蓑烟雨任平生

文士诗情酒意，在苏东坡这里变成一个特例。

苏东坡常写酒醉的诗，自己也每日必饮，但酒量并不大，喝一整天也喝不过五杯；用酒招待客人，自己却不胜酒力，只好把玩空杯，看着别人喝酒。

他曾在《书东皋子传后》中有一段自述，“天下之不能饮，无在予下者”，但是，他又自誉自己，“天下之好饮，亦无在予上者”。天下没有比我乌台诗案是北宋年间的一场文字狱。当时，宋神宗重用王安石变法。苏轼反对新法，并在诗文中流露出了对新政的不满，御史中丞李定、舒亶、何正臣等人摘取其《湖州谢上表》中的语句和此前所作诗句，以诽谤新政的罪名逮捕了他，在御史台受审。所谓『乌台』，即御史台，因官署内遍植柏树，又称『柏台』，柏树上常有乌鸦栖息筑巢，乃称『乌台』。被关押了四个月之后，苏轼被贬为黄州团练副使。

更不胜酒力的，但也没有比我更爱喝酒的人。这看似矛盾的两句话，其实颇有深意。喝酒对于苏东坡而言，喝的是一个意象，喝的是一份感觉。

苏东坡不胜酒力的时候，每每“把玩空盏”，这一情境与柳宗元“独钓寒江雪”有异曲同工之妙，诗人垂钓不为得鱼，而是悬钓一江雪意，空灵中妙趣横生。

虚空处的写意，可以从陶渊明的无弦琴上找到，在苏东坡散着酒香的空盏中发现。无弦，空杯，未尝不是一种心意的寄托。这些弦外之音、酒外之趣也算得是大音希声、大象无形了。

苏东坡喝的就是这种酒外意趣。如此不善饮的人，一生却酿造了各种新酒。在黄州，酿蜜酒，蜜掺蒸面发酵；在定州，酿松酒，苦中带甜；在广东，酿生姜肉桂酒，如同天神甘露般美味。

苏东坡的一生，在政权更迭之中，在新旧党争夹缝里，沉沉浮浮。北宋神宗年间，他因反对王安石新法的激进，主张保守的渐变，在诗文中流露出一些不满。一些别有用心的人将诗句摘录出来，制造“乌台诗案”，以诽谤新政的罪名把苏东坡关进了牢房，获释之后又将他的官位一贬再贬。

苏东坡在《自题金山画像》词中自嘲曰：“心似已灰之木，身如不系之舟。问汝平生功业，黄州惠州儋州。”由湖北到广东，一直贬到海南岛天涯海角去了。

苏东坡一生流落，尽管酒量不大，却时时离不得酒，因为在酒中有许多常人不能会解的意趣。他在黄州时写下“小舟从此逝，江海寄余生”的诗句。监管他的官吏以为他真的走了，急急来探视，发现他鼾声如雷，大醉不醒。这也大约是一种“酒隐”，用酒来隐匿心事，寄托情怀。

面对跌宕起伏的政治风波，许多人仓皇不知所向，而苏东坡心中却有一份磊落静定。

一天，他与朋友外出郊游，突然间狂风暴雨大作，大家都没有带雨具，四散而逃，只有苏东坡一个人竹杖芒鞋，在雨中徐徐漫步。

后来，他写了《定风波》一词，描述此情此景。“莫听穿林打叶声，何妨吟啸且徐行。竹杖芒鞋轻胜马，谁怕？一蓑烟雨任平生。”风声穿过林子，雨滴打在叶子上，动静虽大，你可以不听！别人都跑散了，自己独自吟诗朗声长啸，徐徐而行，又有何妨？脚下有芒鞋，手中有竹杖，走来轻盈如骏马，你还怕吗？如若不怕，有这一身蓑衣，便可任凭自己穿越平生烟雨了。

“料峭春风吹酒醒，微冷，山头斜照却相迎。”来时尚带微醺，被风一吹，酒就醒了，身上微微一冷，抬头一看，云开雨散，山头斜阳静默温暖相迎。

“回首向来萧瑟处，归去，也无风雨也无晴。”天地间既有风雨交加，也有晴朗灿烂，回首刚刚走过的地方，虽是萧瑟，信步归去，既无所谓风雨，也无所谓天晴。

风雨不惧，荣辱不惊，这是微醉初醒的洒脱和超然。对于苏东坡而言，

苏舜钦（1008—1049年）
北宋诗人，字子美，绵州盐泉（今四川绵阳）人，迁居开封。曾任集贤校理、监进奏院等职。因支持范仲淹庆历革新，被人诬陷入狱，出狱后浪迹江湖，最后终老苏州。其诗与梅尧臣齐名，并称『苏梅』，被赞为宋诗『开山祖师』。

酒量已不是关键。放眼古今，有多少英雄传奇，真正令人倾心敬重的，其实是他们内心的雅量，是流传千古的倜傥风范。

俯仰天地，会心一杯

宋代多风流名士。北宋有苏舜钦、梅尧臣齐名，后人并称“苏梅”，都以诗酒盛名。

苏舜钦满腹经纶，身为大学士，祖上世代为官，但喝起酒来，也不顾场合，不拘形式。他刚成亲时，住在岳父家。其岳父杜衍也是一个大人物，曾官至宰相。

杜衍很喜欢女婿的性情，但是，他发现苏舜钦也太能喝酒了，一个人在书房读书独饮就能喝掉一斗酒。岳父大人有些疑惑了，也没见他往书房拿下酒菜啊，难道他将酒偷出去卖了不成?

于是，他就派下人去偷看，想知道苏舜钦每天靠什么下酒。结果看到了一番有趣的情景：苏舜钦将酒放在桌上，正在翻看《汉书·留侯列传》。读到张良早年在博浪沙用大铁锤刺杀秦始皇，可惜未能击中，他拍案称可惜，“浮一大白”，喝了一大杯，继续往下读。读到张良遇到刘邦，君臣相逢，他自言自语，这是天意，又喝一大杯。读完一篇《留侯列传》，竟连喝了好几杯酒。

下人将所见所闻回复主人，说苏舜钦在用《汉书》下酒。岳父大人大笑不止，他原来有如此下酒之物啊，喝一斗酒也不算多。

所谓文人的疏狂，求的就是千古会意。书读到妙处，确有拍案击节的激情，有为古人“浮一大白”的冲动。隔着千古作一长揖，然后举酒遥敬，古今豪杰雅士一瞬间都相聚酒中。

读书喝酒，如与古人对饮，与天地共酌。如南宋张孝祥在《念奴娇·过洞庭》中所言：“尽挹西江，细斟北斗，万象为宾客。扣舷独啸，不知今夕何夕！”写此诗时，张孝祥被贬，中秋节独过洞庭湖，席中无酒无菜。此刻他浮想联翩：摘下北斗七星为勺，舀尽西江水作酒，邀山川万象为座上宾客。此乐何极，自然“不知今夕何夕”。这是何等的旷达襟怀啊！

千古有真迹，往往醉后得

也许每个人的细胞中都蛰伏着不同的艺术基因。孩提时代，我们可以毫无顾忌地放声高歌，可以毫不在意地信手涂鸦，也常常在不经意间说出一些

王羲之（303—361年）

东晋书法家，字逸少，号澹斋。祖籍琅邪（今山东临沂），后迁会稽。历任秘书郎、宁远将军、江州刺史等职。其子王献之书法亦佳，世人将二人合称为『二王』。王羲之兼善隶、草、楷、行各体，被后人誉为『书圣』。代表作品有楷书《黄庭经》《乐毅论》，草书《十七帖》，行书《快雪时晴帖》《兰亭集序》等。其中，《兰亭集序》被誉为『天下第一行书』。

哲理深远的话语。因为它就在我们的血液里，就在我们肆无忌惮的童真中。成长带来了知识和思想，却增添了许多包袱，因为身份，因为等级，因为所要承担的责任、义务，种种艺术天赋被磨灭了。我们亲近了角色，却疏离了自己。

而美酒却能够在某些瞬间，让我们久违的潜能迸发出来，所以酒总是与诗人、画家同生同在。

王羲之作《兰亭集序》，就创造了酒中艺术奇迹。永和九年（353年）的三月三上巳节，四十几位文人雅士集于兰亭，曲水流觞，酒杯沿着九曲流水，流到谁的面前就要赋诗一首。如若赋不出诗来，就要罚饮一杯。一觞一咏，足以感怀。已然酣醉的王羲之，文采书兴大发，醉书千古名篇《兰亭集序》。

“夫人之相与，俯仰一世。或取诸怀抱，悟言一室之内；或因寄所托，放浪形骸之外。虽趣舍万殊，静躁不同，当其欣于所遇，暂得于己，快然自足，不知老之将至。”而就在这样的欢畅之中，王羲之一言道破：“固知一死生为虚诞，齐彭殇为妄作。后之视今，亦犹今之视昔，悲夫！”天高地迥，美景当前，洞悉了生命如白驹过隙，就更懂得眼前的一瞬永恒。所谓活在当下，就是把一个又一个可以酣畅的此刻镌刻在流光里，连属成自己名字里的记忆。王羲之泼墨挥毫，写下了被后世赞为“飘若浮云，矫若惊龙”的“天下第一行书”。醒来之后，多少次摹写，都无法达到那种妙境。如同飞将军

怀素（725—785年）
唐朝永州零陵（今湖南零陵）人，字藏真，僧名怀素。幼年好佛，出家为僧。他是书法史上领一代风骚的草书家，他的草书被称为『狂草』，与唐代另一草书家张旭齐名，人称『张颠素狂』或『颠张醉素』。

吴道子（约680—759年）
又名道玄，阳翟（今河南禹州）人。唐代画家，被世人尊为『画圣』，是中国山水画的祖师。少孤贫，初为民间画工，年轻时即有画名。开元年间，以善画被召入宫廷。曾随张旭、贺知章学习书法，通过观赏公孙大娘舞剑，体会用笔之道。

李广酒后一箭深深没进石棱，醒后再也不可复得了。

“书圣”王羲之并不常醉。史上以醉酒闻名的书法家系“颠张醉素”——张旭和怀素。这两个人真的是不醉不书。

张旭也是杜甫《饮中八仙歌》中歌咏过的人物，诗中赞道：“张旭三杯草圣传，脱帽露顶王公前，挥毫落纸如云烟。”三杯酒下肚，豪兴大发，旁若无人，在王公显贵前脱帽露发，走笔如飞，仿佛得到了“草圣”张芝的真传。他喝醉后以发濡墨，在地上狂草，更是狂癫可爱。

跟张旭齐名的怀素，也常常是“醉来信手两三行，醒后欲书书不得”，喝醉了，信笔写下几行字，醒后再写，却发现再也无法达到醉中神妙了。怀素在《自叙帖》中写道：“兴来小豁胸中气，忽然绝叫三五声，满壁纵横千万字。”试想此情此景，酒后酣畅尽兴时，痛快地大叫几声，胸中浩然之气澎湃而出，奔走笔锋，倏忽之间就“满壁纵横千万字”。这就是中国艺术风神朗秀的大写意，所有规矩值此一刻皆被超越，酣墨浓情，有什么样的气场人格，就铸就什么样的书法模样。

画圣吴道子也是如此。他奉旨描摹嘉陵江三百里山水图，手中画稿全无，他唯一的功课就是喝酒。人渐渐醉去，画稿在心里渐渐清晰，心中的写意喷薄而出，三百里嘉陵山水一天挥洒而就，成为不朽的巨制。

中国艺术史上有许多与酒有关的逸事。今天读这些故事，欣赏这些字画，多在心平气和下看笔法、看技巧，很难体味醉眼看江山风物，体会笔势君子之饮酒也，受一爵而色洒如也，二爵而言言斯，礼已三爵而油油以退，退则坐。
——《礼记·玉藻》

傅抱石（1904—1965年）
原名长生、瑞麟，号抱石斋主人。江西省新余县人。国画大师，新山水画的代表画家。

挟风带雨的那番气势。傅抱石有一枚闲章，上刻“往往醉后”，盖了这枚闲章的画作往往满纸意绪纵横，凌厉之气扑面而来。我们有情致时也不妨一试，微醺赏佳作，心接千古，或可触摸到墨汁泼洒下来那一刻滚烫的激情。

酒中之礼，酒中之禁

酒后的诗情，酒后的画意，酒中的豪迈，酒中的悲怆……醉里乾坤可以无涯，但酒局也是一幅世相，觥筹之间，有所禁忌。这禁忌还不小，涉及秩序伦常。

豪放不羁、不拘小节的诗人、画家毕竟是少数，大多数人依然生活在俗世之中，要遵从世俗的礼数，其中也包括喝酒之礼。

孔子在《论语》中说：“唯酒无量，不及乱。”酒要喝到什么程度，没有定规，唯一的标准就是“不及乱”。所谓“乱”，就是失言、失行和失德。“不及乱”就是恰到好处即可。微言大义，分寸全在人心，实则是一条很宽的标准。

《礼记》说君子饮酒，更为形象。“一爵而色洒如也”，喝了一爵，人就开始飘逸起来；“二爵而言言斯”，喝到第二爵时，话就多了，开始畅所欲言

扬雄（前53—18年）

字子云，西汉学者，蜀郡成都人。本姓杨，后易姓为扬。扬雄少时好学，博览多识，酷好辞赋。《三字经》把他列为『五子』之一。著有《太玄》《法言》《方言》《训纂篇》等。

了，但依然很斯文；“三爵而油油以退”，三爵时已经酣畅了，恰到好处，就应该散席了。所谓“三爵而退”，就是喝酒的礼数。

遇着好酒，是种缘分；能品好酒，是种意境。所以有种说法，叫“酒至微醺，花看半开”。大家想一想，花朵什么时候最美？应该是将开未开，花瓣已放，花蕊待吐时。此时花朵含着蓬勃生机，未有败相。喝酒也是如此，半醉不醉的微醺中，奔放几欲起舞，感伤几欲泫然，但一切都流露性情之美，而没有失态的粗鄙不堪，这样的时刻才能体会到酒的妙处。所谓节制之美，大约就是七分爽朗三分含蓄的匹配。

西汉扬雄说：“侍坐则听言，有酒则观礼。”其言意指桌上有酒，就能看出来一个人是不是真君子，能看出他的为人和礼数如何。酒态难以藏假，也是识人的试金石。

更耐人寻味的是，古人虽有酒禁之说，但禁的并非是酒，而是华宴之类。过分豪奢的珍馐美味是喝酒的大忌。美味夺口，易掩盖酒的醇香。而且华宴之中必多达官显贵，觥筹交错，说一些言不由衷的话，敬一些完全不相干的人，有时候敬的只是名片上的一个头衔而已，有人唯唯诺诺，有人趾高气扬，这样心思不能舒畅的饮酒在酒禁之列。清朝人吴彬在《酒政六则》中列出的禁忌有华宴、连宵、苦劝、争执、避酒、恶谑、喷秽、佯醉。以这些标准来看今天的宴席，真正有酒聚一场心情的实在太少。网上流行一个段子说，酒桌有三宝：吹捧、忽悠、关系好。这样的酒局酬酢，喝的不是酒，饮趣：清淡、妙令、联吟、焚香、传花、度曲、返棹、围炉。
饮禁：华宴、连宵、苦劝、争执、避酒、恶谑、喷秽、佯醉。
饮阑：散步、欹枕、踞石、分韵、垂钓、岸岸、煮泉、投壶。

——吴彬《酒政六则》

而是杯盏言语之间的“局”，至于酒的滋味，大概还真不如孔乙己对一碟茴香豆咂摸得真切。

古代酒禁之一，就是禁止过于粗俗。所谓“不解文字饮，唯能醉红裙”，酒色相伴，孟浪之徒，也是古人所不提倡的。那么不用声色在侧，古人以何佐酒呢？晋代王恭称：“名士不必须奇才，但使常得无事，痛饮酒，熟读《离骚》，便可称名士。”这是以腹中诗书佐酒。“醉吟先生”白居易的《醉眠诗》称：“放杯书案上，枕臂火炉前。”这是诗酒心情的佳会，虽无宴席，却真是天真快意！

此外，苦苦劝酒也是一禁。中国民间，多以劝酒为一种慷慨，以他人酩酊大醉为乐趣。这些都非文人雅士饮酒所好。酒其实不用劝，好饮之人，不劝自饮；酒量不够的人，怎么劝也喝不下。此外，像苏东坡这样无酒量却有酒性之人，又何须别人来劝！

酒中忌粗俗，那么，怎样才算桌上风雅呢？

中国酒桌上常有一种助兴游戏，称为酒令。明代才子唐伯虎与友人在回春楼饮酒，席间有人出了一个上联——贾岛醉来非假倒。此联甚是巧妙。贾岛是唐末著名诗人，也是酒中性情之人，如果是醉倒了，一定不是假装的。“假倒”与“贾岛”谐音。出联之人用此典表示，如果自己醉了，就是真的醉了，不能再喝了。

唐伯虎一笑，饮完一杯酒，对出下联——刘伶饮尽不留零。说的是醉侯辞官后，陶渊明隐居在偏远山村，远离尘嚣与世俗的侵扰。他时常在酒醉之后诗兴大发，一挥而就抒发心中感慨，等到翌日清醒后再修改润色。诗稿越积越厚，最后整理出二十首诗，陶渊明将这一组诗题为《饮酒二十首》。

刘伶，逢酒必饮，每饮必尽，点滴不剩，真是爱酒之人。唐伯虎通过这一联告诉朋友，你还是将杯中酒干了吧！

贾岛、刘伶都是酒史上的风云人物，辞酒、劝酒，引经用典，含而不露，这才是酒桌上的真风雅。

壶里乾坤大，杯中岁月长。酒中真正的佳趣在于浅醉微醺时触摸到自己的魂魄。陶渊明写《饮酒》一题就有二十首之多，自序中说："偶有名酒，无夕不饮。顾影独尽，忽焉复醉。既醉之后，辄题数句自娱。"这种美酒独尽、好诗自娱的状态，既不需要别人喝彩，也不用向别人敬酒折腰，能超越凡俗。"不觉知有我，安知物为贵。悠悠迷所留，酒中有深味。"这样物我两忘的自由与从容，在如今斗茅台拼拉菲的豪局上真难企及了。所谓"此中有真意，欲辨已忘言"，品酒的心不单纯，美酒也会成浊物，一壶一觞若是承载太多，也许就辜负了佳酿本身的陶然。

在风发扬厉、壮志高蹈的大唐，酒中酝酿出了千般滋味。大漠瀚海深处，边塞的酒激烈慷慨，岑参高歌"一生大笑能几回，斗酒相逢须醉倒"，王翰放言"醉卧沙场君莫笑，古来征战几人回"。而几乎同时代田园的酒却淡泊清远，一如孟浩然那杯琐细生活里的感动："开轩面场圃，把酒话桑麻。待到重阳日，还来就菊花。"

既然"酒就性情"，人也就在酒里坚定了对自己性情的陶铸。李白就鼓励孟浩然说："吾爱孟夫子，风流天下闻。红颜弃轩冕，白首卧松云。醉月天若不爱酒，酒星不在天。
地若不爱酒，地应无酒泉。
天地既爱酒，爱酒不愧天。
已闻清比圣，复道浊如贤。
贤圣既已饮，何必求神仙。
三杯通大道，一斗合自然。
但得酒中趣，勿为醒者传。
——李白《月下独酌·其二》

频中圣，迷花不事君。高山安可仰，徒此揖清芬。”好一个“迷花不事君”，与杜甫素描李白“天子呼来不上船，自言臣是酒中仙”如出一辙！酒中可以托付比功名更大的自我，难怪李白快意时称“人生飘忽百年内，且须酣畅万古情”，失意时唱“五花马，千金裘，呼儿将出换美酒，与尔同销万古愁”，羁旅中坦言“但使主人能醉客，不知何处是他乡”，而且堂而皇之地找到理论依据：“天若不爱酒，酒星不在天。地若不爱酒，地应无酒泉。天地既爱酒，爱酒不愧天。”这样的陶醉与清醒，这样的酣畅与热情，都在酒与性情的交融里。

其实每个人的一生一世，也都像眼前的一杯酒，个中滋味，须自己品尝。

琴之趣 ◦ 上

听琴的人，听的是弦外之音，作琴曲的人，谱的是心中之曲。听琴也罢，弹琴也罢，高下清浊在乎人心。开阔襟怀，散尽郁结气，让心变得清和明朗，也许是千古琴音最终的寄托。

崔遵度（954—1020年）字坚白，江陵（今属湖北）人，北宋古琴家。著有《琴笺》一书，明确提出了『清丽而静，和润而远』的美学思想，对古琴文化的发展起到很大作用。

大家平时说“琴棋书画”，琴是排在第一位的。我相信谁都能说出几个跟琴有关的典故，比如高山流水遇知音，耳熟能详；比如司马相如一曲《凤求凰》，打动卓文君芳心，不惜出走王孙豪门，跟着这位怀抱绿绮名琴的翩翩佳公子去当垆沽酒。这些都已经成为千古佳话。

从古到今，在中国人的生命和生活里，琴韵袅袅，萦心绕梁，隐隐约约从未远离。

那么，在琴曲里面，我们到底听见了什么？

北宋古琴家崔遵度写过一本《琴笺》，他说：“颐天地之和，莫先于乐；穷乐之趣，莫近于琴。”在各种音乐形式中，琴是传递心曲的最好途径。

非牛不闻，不合其耳也

中西乐器中有很多都叫琴，但我们这里所讲的，还是指中国最古老的古琴。《礼记·乐记》称“舜作五弦之琴”。蔡邕《琴操》中又有一说，“昔伏羲氏作琴，所以御邪僻，防心淫，以修身理性，反其天真也”。也有炎帝、黄帝作琴说，说法虽然不一，但都将琴的发明归于三皇五帝。至于从五弦到七弦的进步，桓谭的《新论·琴道》中明确记载：“五弦，第一弦为宫，其

桓谭（约前20—56年）

字君山，沛国相（今安徽濉溪县西北）人，东汉哲学家、经学家、琴家。爱好音律，善鼓琴，博学多通，遍习五经。著有《新论》二十九篇，其中《琴道》篇是琴学专著，包括琴论、琴史和琴曲等几个方面。据《后汉书·桓谭传》记载，此篇并未写完，是后来汉章帝命班固续成。

次商、角、徵、羽。文王、武王各加一弦，以为少宫、少商。下徵七弦，总会枢极。足以通万物而考治乱也。”

从渊源上深究起来，琴以载道，带着肃穆得近乎玄妙的出身，但是七弦上泠泠流出的音乐，见仁见智，殊不相同。

古琴到底能够传递出来什么呢？今人在古琴曲中能听出怎样的意韵呢？我们权且先放下琴中的庄严典雅，来说一个大家熟知的典故——对牛弹琴。

对牛弹琴是什么意思？大家都会不假思索地说，不就是比喻说话不看对象，或对愚蠢的人讲深奥的道理吗？

其实这个故事还很长，如同古琴，我们熟悉而又陌生。

东汉末年，有一位大学者叫牟融，精通佛学。有一次，他给一些儒生讲学，开篇就讲授《尚书》《诗经》，想通过这两部经典来阐述佛理。

讲着讲着，就有儒生不乐意了，大家纷纷说，我们是来听你讲佛经的，怎么讲的都是儒家典籍呢？这些书难道我们不都已经熟知了吗？

于是，牟融笑了，给他们讲了一个故事。

春秋时期有一个琴艺甚好的人，叫公明仪。有一次他带着琴去访友，路过旷野，看见山高水长，丽日朗朗，一头老牛在草地上懒洋洋地吃草。公明仪很是欢欣，心想，如此美妙的景致，对谁弹琴都是抒发心志，为什么不能给牛弹弹琴呢？

公明仪为牛弹清角之操，伏食如故。非牛不闻，不合其耳矣。转为蚊虻之声，孤犊之鸣，即掉尾奋耳，蹀躞而听。

——僧佑《弘明集》

于是，他就坐下来，对着牛弹了一首琴曲中动人心弦的《清角》。他弹得如此专注、用情，弹得自己心意彷徨、感动不已。弹完抬头一看，牛却无动于衷，甚至都不看他一眼。

这就是我们所知道的对牛弹琴的故事。

但是，故事并没有完结。公明仪又想，对牛弹琴，牛无动于衷，究竟是牛的错还是人的错？我能不能换一曲弹给它听呢？于是他试着用古琴模仿蚊虻之声，嗡嗡嗡，嗡嗡嗡，蚊子牛虻之声围着牛缭绕回旋，牛开始有所觉知，竖起了耳朵。他又弹了一种“孤犊之鸣”的曲调，模仿失群的小牛犊寻找妈妈的叫声。声音一出，就发现牛“掉尾奋耳，蹀躞而听”。

如此看来，牛听琴声也会动心动容的，关键在于你是否弹了它能听懂的曲调。

讲完故事后，牟融说，你们都是儒生，如果我直接讲佛经，相当于对牛弹琴；而我通过你们熟悉的儒家经典来阐述佛家的义理，接受起来就容易多了。

其实，很多耳熟能详的故事，我们往往只知其一，不知其二。这个关于琴曲的故事意味深长，动物尚且为琴所动，我们倘若愿意聆听，应该离会心不远。

琴里面包含着很多意绪，能传递丰富的感情，有我们意想不到的力量。

夫遭遇异时，穷则独善其身而不失其操，故谓之『操』。『操』以鸿雁之音。达则兼善天下，无不通畅，故谓之『畅』。

——桓谭《新论·琴道》

琴中识文王

中国上古时代，礼乐一体。孔子一直主张“礼乐兴邦”。君子的人格理想，在孔子看来应该是“志于道，据于德，依于仁，游于艺”，也就是说“六艺”之中不仅有秩序规范，同时也有君子精神遨游的寄托。他本人精通音律，一生与音乐相伴相随。当年周游列国时，写过《将归操》，表达自己对家乡故土的思念之情；当路过幽谷，看见兰花生于杂草乱丛之中，他写过《猗兰操》，以兰花的高洁明志，感慨自己的生不逢时。这些琴曲，都是坎坷十四年间此一时彼一刻内心的真情流露。

根据情怀和寄托的不同，琴曲也有不同的称谓。《新论·琴道》中说，君子一生会有不同的境遇，“遭遇异时”，有顺境也有逆境，有高兴也有沮丧。如果他“穷则独善其身”，虽贫困而不失操守，这种坚持之下写出来的曲子叫作“操”，听起来就像是鸿雁清越悲泣的声音；顺畅发达时，“达则兼善天下，无不通畅”，这个时候弹的琴曲就叫“畅”。“操”多为悲音，“畅”则多是通达之声。

《庄子》里也有好几处写孔子抚琴的，比如过匡城时被宋人包围，他独自抚琴时气定神闲；比如在杏坛弦歌鼓琴，有渔父闻音下船而来，两人纵论天下大道。在孔子的生活中，琴始终不离左右。

《文王操》，琴曲中的经典之作，为周文王所作。《史记》中记载孔子学琴于师襄子的故事中，孔子所学琴曲即为《文王操》。北宋时期的苏轼听父亲苏洵弹《文王操》后，留下了『江空月出人绝响，夜阑更请弹文王』的佳句。

《史记》里记载了一桩孔子学琴的故事。孔子在鲁国向著名的琴师师襄子学琴，一首曲子学了十几天，还不要求学新曲子。

师襄子就跟他说："你学得差不多了，咱们往前学吧。"

孔子说："丘已习其曲矣，未得其数也。"我是了解这个曲子了，但尽善尽美的演奏技巧，依然还未学到。于是再悟再练。

又过一段时间，师襄子说："你现在已得到其技巧了，咱们往前学吧。"

孔子说："丘未得其志也。"我弹奏的技巧已很娴熟了，但依然未能把握曲中的深意，不知道寄托何在。于是继续悠悠习曲。

再过一段时间，师襄子说："你已经得其志了，可以学新的曲子了。"

孔子说："丘未得其为人也。"我终于明白它的寄托何在了，但我一定要知道什么人才有这样的寄托。依然继续操曲不已。

直到有一天，孔子豁然长叹："我终于能看见这个人了！他是一个高瞻远瞩、志向远大的伟丈夫。这个人肤色黝黑、目光如炬，放眼天下，这样一个统治四方诸侯的王者，不是周文王，还能是谁呢？"

师襄子听后立刻离席，给孔子深鞠两躬，说："您说对了，记得我学这首曲子时，老师曾告诉我，曲名就叫《文王操》。"

在这个故事的《史记》原文中，多次用到一个词——"有间"，就是"过段时间"的意思。过段时间，他说不行，我了解了曲子，但技巧不熟练；再过段时间，还是说不行，技巧熟练了，但不知道寄托何在；再过段时间，又

《琴操》一书中记载：『《履霜操》，尹吉甫之子伯奇所作也。伯奇无罪，为后母谗而见逐，乃集芰荷以为衣，采楟花以为食。晨朝履霜，自伤见放，于是援琴鼓之而作此操。曲终，投河而死。』

陆游在《老学庵笔记》中写道：『范文正公喜弹琴，然平日只弹《履霜》一操，时人谓之「范履霜」。』

说不行，我知道了其中的寄托，但还没悟出是何人所作。这期间，师襄子一次一次劝说，可以了，往前学吧。但孔子坚持己见，不为所动。一个“有间”接一个“有间”，这是何等从容！

想一想，今天那些学琴的孩子，从一级到十级，一级一级地赶考。一首曲子刚学会，家长就会跟老师说，能演奏就行了，教新的吧，孩子要考级。这样能学到什么呢？且不说曲中的情怀、寄托，可能连技巧这个层级都没有越过。不把一颗心深深沉浸曲中，怎么能穿越流光，遇见千古之前托付于曲中的另一颗心呢！

精通琴艺，与会弹多少曲子并没有必然关联。范仲淹一生爱好琴艺，但他毕生只弹一首曲子，叫《履霜》，就是人踏过霜雪那种幽岑清寒的意境。人们因此送给范仲淹一个外号——范履霜。是他的悟性太差吗？是他的技巧不熟吗？还是为了标新立异？都不是，只是因为此曲深合心意，足以寄托平生，一曲足矣。

听琴、悟琴，要想深得雅趣，不妨像孔子学琴那样，慢一点儿，再慢一点儿，让心安静下来，慢慢感，慢慢悟。

俞伯牙

春秋战国时期晋国的上大夫，原籍是楚国郢都（今湖北荆州）。伯牙是当时著名的琴师，善弹古琴，被人尊为『琴仙』。

山水移情，以无为师

听琴的人，听的是弦外之音，作琴曲的人，谱的是心中之曲。荀子说：“伯牙鼓琴而六马仰秣。”就是说马吃草时，听见伯牙弹琴，全都停下来怅望着空中，忘记了草料。

牛听琴会动容，马听琴会忘食，琴声连动物都能感动，能不感动我们的心吗？有的时候，只是因为我们的心太浮躁了，不愿把琴曲当作一泓碧水，忘我地一个猛子扎下去，让音符渗透每一个细胞。“不惜歌者苦，但伤知音稀。”求得一个知音何等稀罕！

伯牙鼓琴，心怀泰山时，樵夫钟子期说“巍巍乎若泰山”，你这琴曲里面有高山；伯牙心思流水时，钟子期又说“汤汤乎若流水”，你弹的曲子意在流水啊。操琴人那份无言的寄托既不被误读，也不会遗漏浪费。

伯牙鼓琴得遇钟子期这个知音，觉得心中所想无不毕现，于是结为生死至交，约好来年此时再见。第二年相会之期，伯牙如约前往，钟子期却未见踪影。伯牙便弹起琴来，用琴声召唤知音，久久不见人来。终于，他从一位老人口中得知，钟子期已经去世了。伯牙来到钟子期的坟前，弹了一曲《高山流水》，然后扯断琴弦，砸碎琴身，发誓终生不复鼓琴，只因知音已去。

琴这个东西，我们说它宽容，连牛马都能有所触动；我们说它苛刻，一旦知音已去，可以终生不再抚琴。琴声中到底有多少寓意？要靠每个人用心去体会。

俞伯牙为什么会有如此高超的琴艺呢？这就要追溯一段故事。

俞伯牙当年学琴于成连先生，足足学了三年，技艺都学到了，只是琴声太飞扬，不够寂寞，尚未有空旷落寞的传神之感。

如何才能达到这样的境界呢？师父成连先生告诉他，你现在学会了技巧，但还没有学会“移人情”——天地自然的情怀，你还不能移到你的琴上。而要想学会“移人情”，需要去东海找我的老师方子春。我愿带你一同前往，帮助你达到更高的境界。

于是，伯牙跟着成连先生，渡东海，上蓬莱，历经艰难险阻来到一个孤岛之上。师父让伯牙在岛上等着，自己去接老师，然后“刺船而去，旬日不返”。这位老师果真了得，将学生留下，自己驾着船走了，十天半个月还天际无归舟。俞伯牙身处荒岛，不知如何度日。可以想象，这些日子该有多么艰难。他心思焦虑，延颈四望，寂寞无人。周围只有一望无际的海水，波涛连天，偶尔能听到海鸟的悲鸣。这回他才知道什么是大困窘，什么是真寂寞。

有一天，俞伯牙顿悟长叹：“先生亦以无师矣，盖将移我情乎！”他终于明白，成连先生已经把老师放在这里了，“无”就是老师，是让自己从

空寂中去体会什么是寂寞。以无为师，海天之间的寂寞自然就移到琴曲之上了。

至极困顿那一刻，俞伯牙悟到了什么是神妙寂寞之情，学到了如何将山川流水的情怀移于琴上，最终弹出了不朽名曲《水仙操》。

大家都熟知高山流水遇知音的典故，却少有人知道这段“前传”。俞伯牙之所以能够弹出高山流水之音，正是因为他曾经在空旷的海天之间真切地体味到寂寞，悟得了泠泠七弦的生命意蕴。

命若琴弦

上世纪80年代，著名作家史铁生写过一篇小说《命若琴弦》。这篇小说为大家所熟知，原因之一，是它被陈凯歌导演拍成了电影《边走边唱》。

小说中写了一位盲人琴师，整日走乡串户，以弹弦说书为生。这位琴师当年跟着师父学艺时，总是问师父：我要怎么样才能看见世界？我还能复明吗？

师父告诉他，能啊，你的琴槽里就藏着让眼睛复明的药方。你要每天认真弹琴，时间长了，琴弦用旧了就会断，断到第一千根琴弦时，就可以从琴君无故，玉不去身；大夫无故，不撤县；士无故，不撤琴瑟。

——《礼记·曲礼下》

槽里拿出那个药方，也就可以看见世界了。

抱着这个信念，盲琴师每天刻苦练琴。日复一日，年复一年，琴弦一根根被他弹断，琴艺也越来越精湛。他将内心的寂寥悲苦和对光明世界所有的想象，都倾注在了琴弦之上。

岁月流逝，沧海桑田，盲琴师已经在光阴里熬得像当年的师父般苍老，终于铿然一声，弹断了第一千根琴弦。他急切地在琴槽里寻找那个药方，结果还真摸到了一张纸。他将这张纸拿出来，让别人读给自己听，心中充满了对奇迹的憧憬。

看到这张纸的人都默然不语，他们不忍心告诉他——那只是一张白纸。

命若琴弦。当第一千根琴弦弹断时，一生的苦辛仿佛都走到了尾声，而生命也在弹断的一根根琴弦中获得了最真实的意义。

大家想想，俞伯牙向“空”中学“移情”，与命若琴弦的盲琴师一辈子以此为寄托，不是如出一辙吗？

听音辨意，草木含情

中国典籍中有“君子无故不撤琴瑟”的说法，传统文人的桌案也有“左

蔡邕（133—192年）

字伯喈，陈留圉（今河南开封杞县）人，东汉文学家、书法家，著名才女蔡文姬之父。蔡邕博学多才，通晓经史、天文、音律，擅长辞赋。汉献帝时，董卓强迫他出仕为侍御史，官左中郎将，故后人也称他为『蔡中郎』。董卓被诛后，为王允所捕，死于狱中。

琴右书”的规矩，诗文中还常能读到“乐琴书以消忧”这样的佳句，由此可见，古琴与中国古代文人是常伴常随的。

说到琴，有一个人不能不提及，那就是蔡邕。蔡邕是东汉末年乱世中的大思想家、大文学家、大艺术家，书法音律无不精通，曾专门撰写过《琴赋》。

蔡邕生逢动荡，宦海沉浮，一家人四处漂流，路过会稽高迁。一天，他到竹林里挑选竹料，想做一支笛子，来排遣旅途之劳顿。挑来选去总找不到合适的。回来的路上，坐在一个名叫柯亭的竹亭里歇脚，四处打量，忽然眼神一亮，指着亭子东侧檐下的第十六根竹子，让人即刻帮他拆下来。

拆下来的竹子制成笛子一吹，果然笛声清越，不同凡响。这支笛子取材于柯亭，后人将其称作“柯亭笛”。

“焦尾琴”的故事则更富传奇色彩。

蔡邕漂泊到吴地时，饥寒交迫，邻居在灶屋做饭，烧火的木柴塞进灶膛里，噼啪作响。蔡邕突然听到一声清脆的爆裂声，他暗自惊叫：天哪，上好琴材！一个箭步冲上去，千钧一发时，硬是将木头从灶膛里面抢了出来。后来，这根烧去一半的“木柴”经过他的精雕细琢，做成了一张琴。因为琴尾被烧焦，就称为“焦尾琴”。

后来，焦尾琴与齐桓公的号钟琴、楚庄王的绕梁琴、司马相如的绿绮琴并称为中国古代四大名琴。

邕性沉厚，雅好琴道。嘉平初，入青溪访鬼谷先生。所居山有五曲，一曲制一弄，山之东曲，常有仙人游，故作《游春》；南曲有涧，冬夏常渌，故作《渌水》；中曲即鬼谷先生旧所居也，深邃岑寂，故作《幽居》；北曲高岩，猿鸟所集，感物愁坐，故作《坐愁》；西曲灌水吟秋，故作《秋思》。三年曲成，出示马融，甚异之。

——《琴书》

还是这个擅长辨材的蔡邕，听音辨意的功夫也不同凡响。

一次，朋友请他赴宴，他兴冲冲赶过去，远远听见主人家有人弹琴。快到门口时，蔡邕突然停住，他在琴声里听出了隐隐的杀机！蔡邕一时惊愕：既请我来做客，为什么琴声中有杀气呢？乱世中人人自危，他当机立断，转身就走。

这时候，另外一个赴宴的客人也来了，见蔡邕到了门口又急刹车折转回去，就追上去询问缘故。蔡邕不答，径直往回走。客人很好奇，连忙跑去告诉了主人。

主人急急追出来问蔡邕：“你为什么要走呢？”

蔡邕直言相告：“我走到门口时，听见你家里有琴声，而琴声中带着杀气。”

主人才知道原来是家中客人的琴声吓走了蔡邕。他将蔡邕毕恭毕敬请回来。弹琴的客人解释说：“我在那里等大家，闲来无事弹弹琴，眼睛望着窗外，看见树上有一只螳螂在捕蝉，蝉振翅欲飞又停下，螳螂随之一进一退。我边看边弹，心被牵绊着，唯恐螳螂抓不住那只蝉，不觉琴声中就带出了杀气。”

袅袅琴音，一瞬听出弹琴人细微的情绪变化，这就是蔡邕！如果不经沧桑，不阅尽世相，怎么可以企及如此境界？有一次，蔡邕到青溪这个地方寻访战国名家鬼谷子的故居，他徜徉于清流之上，走到一个溪流的转弯处，心

《琵琶记》，元末南戏，高明撰，共四十二出，被誉为『传奇之祖』。《琵琶记》写的是蔡邕中状元后抛弃发妻赵五娘，别娶丞相之女的故事。其实，东汉时还没有实行科举制，更没有状元，历史上也没有蔡邕别娶丞相之女这回事。对此，陆游曾感叹：『身后是非谁管得，满村听说蔡中郎。』更为大家所熟知的著名戏剧《铡美案》即脱胎于《琵琶记》。

有所感，就坐下来写一首曲子。走一处溪弯写一弄曲子，青溪共有五道溪弯，他就写了五弄琴曲。第一弄，他写下了《游春》，记录寻访仙人隐居之地的心情；第二弄写下了《渌水》，看见了渌水荡漾；第三弄他写下了《幽居》，描绘鬼谷子旧居清幽岑寂的环境；第四弄写下了《坐愁》；第五弄写下了《秋思》。后来他用了三年时间将五支曲子加工润饰，完成后请大学者马融品评，马融大加叹赏。这就是著名的《蔡氏五弄》。心似曲水，错落跌宕，涟漪一漾就流照千年。

自古名人是非多，蔡邕一生也经历过太多演绎。元末南戏《琵琶记》唱的就是他的故事。戏中的蔡伯喈喜新厌旧，无情辜负了糟糠之妻赵五娘。

纷纭千载之后，陆游有诗云："身后是非谁管得，满村听说蔡中郎。"

真实历史中的蔡伯喈命运多舛，董卓做司空时，仰慕其名气，一再征辟他入府做幕僚。蔡邕称病推托，董卓大怒，将他硬绑了来。蔡邕不得已，做了董卓的幕僚。后来董卓被诛杀，蔡邕也受到连累被害。可怜一代卓越天才，生不逢时，连个寿终正寝都不能。

能在亭子的竹檐下发现良笛，能在炊饭的木柴中抢出良琴，都说草木无情，但是人心有感，草木就通了灵性。这个喧嚣而寂寞的世间隐藏着许多珍宝，想要发现，需要一种缘分，也需要一种睿智。有谚语说得好：山坡上开满了鲜花，但在牛羊的眼里那只是饲料。当今时代，究竟是鲜花少了，还是牛羊一般的眼光太多呢?

蔡文姬

名琰，原字昭姬，晋时避司马昭讳，改字文姬，东汉末年陈留圉（今河南开封杞县）人，蔡邕之女，是中国历史上著名的才女和文学家。代表作有《胡笳十八拍》《悲愤诗》等。《悲愤诗》是中国诗歌史上第一首自传体五言长篇叙事诗。

用一生奏成一曲胡笳悲歌

蔡家的悲怆琴音余韵未了，接下来的故事传到了蔡邕之女蔡琰，也就是大名鼎鼎的蔡文姬身上。

蔡文姬的身世比父亲更令人扼腕。这个冰雪聪明的女孩子自幼资质过人，父亲弹琴偶然弦断，她在隔壁房间就准确说出断的是第二弦，蔡邕大惊，故意又拨断一根弦，文姬应声报出是第四弦，依然无误。

后来，蔡文姬随父流放，颠沛之中，年纪轻轻的她嫁给了卫仲道。不久，丈夫就去世了。蔡文姬在公婆家受尽委屈，又回到了娘家。

时值东汉末年国家大乱，匈奴南侵。流亡之际，蔡文姬被掠到了匈奴。二十三岁的她，委身匈奴的左贤王。

蔡文姬居留匈奴十二年，生下了两个孩子。本以为会在胡马北风中度过余生，未料夺取天下的曹操念及故旧蔡邕，不惜拿黄金玉璧，将蔡文姬从匈奴赎了回来。

即将离别之际，两个孩子搂着她的脖子，哭着问："妈妈你要去哪儿？你这一去是不是再不回来了？"

就在生离犹如死别的伤痛中，蔡文姬策马归汉。一路上山高水长，悲风鸣叫，山鸟号啼，一声声都像孩子的啼哭，一刀刀戳在妈妈的心上。此情

《胡笳十八拍》是古乐府琴曲歌辞，既有曲也有词，为蔡文姬所作，原为笳曲，后经董祀之手改成了琴曲。一章为一拍，共十八章，故有此名。胡笳是汉代流行于塞北和西域的一种管乐器，其音悲凉，后代形制为木管三孔。

此景之下，她血泪和鸣，写下了著名的《胡笳十八拍》。这支曲子后来被她的第三任丈夫董祀改成了著名琴曲《胡笳弄》。直到唐代，诗人李颀一听琴师董庭兰抚弄此曲，还不禁潸然泪下："蔡女昔造胡笳声，一弹一十有八拍。胡人落泪沾边草，汉使断肠对归客。"这样的琴声直教"空山百鸟散还合，万里浮云阴且晴。嘶酸雏雁失群夜，断绝胡儿恋母声"……

天妒英才，末世蹉跎了蔡伯喈；天妒红颜，乱离中的命运又捉弄了蔡文姬。无论怎样的困厄，这父女俩生命中最忠诚、最华彩的陪伴都是一架七弦琴，足以长歌当哭，超越荣辱，萦旋缭绕成一段不朽青史。

《诗经·大序》中说，一个人"情动于中而形于言，言之不足，故嗟叹之；嗟叹之不足，故咏歌之；咏歌之不足，不知手之舞之，足之蹈之也"。内心的所有悲慨，有个载体，就能自然流露出来。苏东坡也说，琴能"散我不平气，洗我不和心"。听琴也罢，弹琴也罢，在乎人心。散尽世间不平之气，让心变得清和明朗，也许是千古琴音最终的寄托。

现代人可学的乐器很多，可听的音乐很广，但又有多少人能静心会意，真正听出琴中的寄托和襟怀呢？高山之音、流水之韵，历经离乱寄于琴中的情志，但愿今天能被更多人深深懂得。

琴之趣 ◦ 下

我们的生命本真中原来都有敬畏之心，只不过在现实压力下，被喧嚣忙碌淹没得太久，如果能借着琴声唤醒这份敬畏，或许可使我们的生命肃穆庄严，保持柔韧的美丽。

其形也，翩若惊鸿，婉若游龙，荣曜秋菊，华茂春松。髣髴兮若轻云之蔽月，飘飖兮若流风之回雪。远而望之，皎若太阳升朝霞。迫而察之，灼若芙蕖出渌波。

——曹植《洛神赋》

汉魏之前，古琴大多用于祭祀，旨在“礼乐兴邦”。汉魏六朝是中国历史上最动荡的时期，文人雅士惶惶然不知所终，肃穆庄重的古琴忽然变得生动亲近起来，昼夜相伴，成为可依可托的生命伴侣。自此以后，古琴走向了市井，七弦之上，太多爱恨情仇，激荡成为千古佳话。

魏晋风骨琴上听

提起那个华丽到炫目、悲凉到彻骨的时代，大家都会想起一个词——“魏晋风骨”。在魏晋时期，名士们都追求“翩若惊鸿，婉若游龙”。《世说新语》中用“轩轩如朝霞举”“肃肃如松下风”来形容他们，足见他们是何等风姿绰约、仪态超群。

但是，就是这样一群表面倜傥不羁的人，内心纠结，千回百转，郁郁而不能解。或许什么都不能信仰的人才什么都可以轻信，朝不保夕的悲怆会把生命每个鲜亮的瞬间都变为狂欢。他们聚集在一起，饮酒弹琴、吟诗作赋，甚至服药发散来逃避现实。其中以竹林七贤最为著名。

竹林七贤中，嵇康和阮籍名士相惜，著名典故“嵇琴阮啸”就源自他们之间的故事。嵇康弹琴，阮籍凌空长啸，山林群鸟为之翔止聆听。那是内心有太多的不平，归于无言，唯寄七弦。

阮籍好琴，也如同嗜酒，一派落拓性情，狂放不羁，放言“礼岂为我辈设耶”，不愿遵从俗世的礼数。

《世说新语》中记载，阮籍时时做青白眼，瞧得起的人青眼相向，看不上的人则白眼相对。

阮籍的母亲去世，朋友们纷纷前来吊丧。嵇喜来了，阮籍对他的为人很不喜欢，就白眼相对，嵇喜讪讪离去。他的弟弟嵇康抱着琴带着酒赶来了，在灵前手挥五弦，放歌凭吊，一时间，阮籍露出难得的青眼。庄子在结发之妻去世时，曾经鼓盆而歌。嵇康在阮籍母亲去世的悲伤时刻，以特殊的方式怀抱相向，一抒悲情。俗世的礼数如何能够约束他们呢?

阮籍一生写下了很多首《咏怀诗》，其中第一首就以琴咏怀。

夜中不能寐，起坐弹鸣琴。
薄帷鉴明月，清风吹我襟。
孤鸿号外野，翔鸟鸣北林。
徘徊将何见？忧思独伤心。

深夜不寐的辗转心情何处发付？无非托于琴弦。月光照进了帷帐，清风吹开了我的衣襟。琴声之外有什么和鸣？听到的都是孤鸿断雁之声。它们嵇康（224—263年）字叔夜，谯国铚县（今安徽濉溪西南）人，三国时魏末文学家、思想家、音乐家，竹林七贤之一。曾官至中散大夫，故世称『嵇中散』。后因得罪钟会，为其构陷，而被司马昭处死。嵇康善于音律，创作有《长清》《短清》《长侧》《短侧》，合称『嵇氏四弄』，与东汉的『蔡氏五弄』合称『九弄』。其留下的『广陵绝响』的典故被后世传为佳话。

在翱翔中有所牵绊吗？这也是一份难言的苦衷，它们在徘徊中无所归附，我在尘世中也找不到寄托，所以只能在琴声中安顿自己的心情。

与隐匿于世俗夹缝中的阮籍相比，嵇康性情更为刚烈不羁。他写过一篇《养生论》，其中有一句：“蒸以灵芝，润以醴泉，晞以朝阳，绥以五弦，无为自得，体妙心玄，忘欢而后乐足，遗生而后身存。”

意思是说一个人要想养生、长寿，就要取天地的精华，把最好的灵芝蒸熟了吃，喝醴泉水，沐天地精华之气，然后手挥五弦，心游万仞。这个时候，无为自得，心开始进入玄妙之境，身体就达到通畅爽朗的状态了。

前面说过，五弦琴从文王、武王以后改为了七弦，但在阮、嵇二人的诗中，依然以“五弦”代之，古意犹存。

“然非夫旷达者，不能与之嬉游；非渊静者，不能与之闲止；非放逸者，不能与之无吝；非至精者，不能与之析理也。”嵇康说古琴弦是通达人意的，只有旷达的人才能在琴上悠游嬉戏，只有安静的人才能体会琴上的清寂高远，只有放逸的人才能像琴一样不计较得失，只有心智高远的人才能在琴上分析世间的义理，洞穿世相。

如果说阮籍的琴藏着几分含蓄，是对内心的平衡和寄寓，那么嵇康的琴就显得尤为显豁，毫不掩饰自己的一腔热情。他的刚直不阿最后还是惹恼了司马氏。司马氏篡权之后，嵇康临刑东市，年仅三十九岁。一时间三千太学生伏地请命，请求留下这个满腹经纶的人做他们的老师，可惜已经回天

《广陵散》，又名《广陵止息》，我国十大古曲之一。它萌芽于秦汉时期，到魏晋时期逐渐成形定稿，随后曾一度流失，后人在明代《神奇秘谱》中发现了它，经重新整理，才有了我们现在听到的《广陵散》。琴曲讲述的是战国时期聂政为父报仇，刺杀韩王的故事，是我国现存古琴曲中唯一具有杀伐气氛的乐曲。

无力。

嵇康赴死前做的最后一件事，就是让人取来他的七弦琴，专情致意地弹了一曲《广陵散》。弹完之后喟然长叹，说袁孝尼一直想学这首曲子，我吝惜没有教他，如今我这一走，《广陵散》于今绝矣！我死不足惜，只可惜将这首曲子也带走了……

嵇康死后，好友向秀写下了著名的《思旧赋》：

悼嵇生之永辞兮，顾日影而弹琴。
托运遇于领会兮，寄余命于寸阴。
听鸣笛之慷慨兮，妙声绝而复寻。
停驾言其将迈兮，遂援翰而写心。

他说嵇生已经永辞人世了，我们追随他的影子，只能用弹琴的方式缅怀他。他生不逢时，当下无人懂得。当我听到慷慨的鸣笛，仿佛耳边又回响起嵇康的绝妙琴声，在泠泠的七弦之上可以追寻到他的魂魄。活着的人在琴上奏出今生怀抱，辞世的人留下的琴音绝响，可以从中觅得心中隐秘的悲欢。

这就是魏晋人谑浪风骨背后深邃的无奈与坚持。

《梅花三弄》是中国十大古曲之一，又名《梅花引》《玉妃引》，是中国传统艺术中吟咏梅花的佳作。明朱权编辑的《神奇秘谱》中记载，此曲最早是东晋时桓伊所奏的笛曲。后由笛曲改编为古琴曲。

晋代王、谢两家是江南名门望族。写下“天下第一行书”《兰亭集序》的大书法家王羲之的儿子们也个个才华卓越，其中五子王徽之（字子猷）、七子王献之（字子敬）更是超群出众。

王徽之作为名士，痴迷于琴，不拘泥于礼数。有一次，他应召赴京，船泊清溪萧家渡口，恰好看见右将军桓伊乘马从岸上经过。王徽之就托人跟他说，听说你善吹笛子，能不能给我演奏一支曲子？此时桓伊位高权重，这个不情之请看起来甚为无理。桓伊也不言语，下马坐在胡床上，认真吹了一曲《梅花三弄》。吹完之后上马就走，王徽之也就上路了。

整个过程，二人不交一言。桓伊没有抱怨王徽之的无理，王徽之亦无只言片语的恭维。是否心意相通，一支曲子就足够了。

晚年，王徽之病入膏肓、命垂一线，他的弟弟王献之却先他一步病故。王徽之心中明白，弟弟很久未拜访自己了，想必是先我一步去了。

他让家人带自己去弟弟府上奔丧。家人担心他了解真相后受到打击，但见他神态安详，也就照办了。来到弟弟府上，王徽之上香、祭拜，一切如常。当他绕过灵堂走进内室，看见自己熟悉的那张琴，就想弹上一曲，追思弟弟的亡灵。结果发现弦已调不准了，调弄琴弦，反复几次，一而再，再而三，还是找不到准音。王徽之突然掷琴于地，大叫一声：“子敬子敬，人琴俱亡。”一口鲜血喷洒在琴上，回去没几天就去世了。

人已亡，琴犹在。人的精魂依然寄托于七弦之上，唯有琴弦调不准时，才相信手足已经分离。这也是魏晋人的风神。

潜不解音声，而畜素琴一张。每有酒适，辄抚弄以寄其意。贵贱造之者，有酒辄设。潜若先醉，便语客：『我醉欲眠，卿可去。』其真率如此。

——李延寿《南史·隐逸传》

但识琴中趣，何劳弦上声

这样的风范一直流传下去，到了东晋末年，一个爱琴的人，一个爱田园的人，带着他夕阳下的菊花走进了我们的视野。他就是陶渊明。

陶渊明说："但识琴中趣，何劳弦上声？"只要懂得琴中的乐趣，还用劳烦在琴上弹出声音吗？

这句话是有来历的。陶渊明辞去彭泽令后，自招魂魄"归去来兮"，并没有隐匿得山高水远，而是依旧回到自己的一方简朴田园。在这个"园日涉以成趣，门虽设而常关"的小小空间里，终日"悦亲戚之情话，乐琴书以消忧"。

"委怀在琴书"，琴与书中仿佛有他全部的心灵安顿。

那是一张什么样的琴呢？不是蔡伯喈的焦尾琴，也非司马相如的绿绮琴，而是一张无弦琴。

《南史·隐逸传》中说陶潜不解音律，却"畜素琴一张"。每每有酒便呼朋唤友，一起畅饮。每次都是自己先醉，一边抚琴长啸，一边对大家说："我醉欲眠，卿可去。"

这是何等的狷狂，无人能听到弦音，可陶渊明却自得其乐。有谁明白琴

声何在？

几百年之后，他的知音李太白终于解得了其中奥妙。“陶令去彭泽，茫然太古心。大音自成曲，但奏无弦琴。”如果天地合鸣，天籁在心，还要琴弦干什么？又“何劳弦上声”呢？

此时此刻，琴弦不重要，听者也不重要，“会得无弦琴上意，水流云在已多时”。

酒有知己，琴有知音。几百年流光逝去，李白遥想当年的情形，写出了《山中与幽人对酌》：

两人对酌山花开，一杯一杯复一杯。
我醉欲眠卿且去，明朝有意抱琴来。

一句微醺时的口语，经诗人点化，妙趣佳会天成。

再来说说李白。像他这样“且乐生前一杯酒，何须身后千载名”的放达诗人，也会爱清寂之琴吗？他从琴中又能听出怎样的意趣呢？李白曾经写过一首《听蜀僧濬弹琴》，也许从中能探出一些端倪来。

蜀僧抱绿绮，西下峨眉峰。
为我一挥手，如听万壑松。

圣人之制器也，必有象。观其象，则意存乎中矣。琴之为器，隆其上，以象天地也；方其下，以象地也；广其首，俯其肩，象元首股肱之相得也，三才之义也。高其前，以为岳，命曰『临岳』，象名山峻极，可以兴云雨也。虚其腹，以为池，一曰池、一曰滨，象江海幽远，可以蟠灵物也。所以张弦者曰『轸』，象车轸以载，致远不败也。所以棍弦者曰『凤足』，象凤凰来仪，鸣声应律也。翼其旁者曰『凤翅』，传其末者曰『龙尾』，取其瑞也。

——朱长文《琴史》

客心洗流水，余响入霜钟。

不觉碧山暮，秋云暗几重。

好友濬和尚从峨眉山下来，为他弹琴。挥手之间，千山万壑，松风浩荡，都在弦上。此刻，他的心如在泠泠流水中涤荡过的一样清澈。不知不觉，琴弦上的余响融进带霜的晚钟，人和一座秋山都在音乐中熔铸成了永恒。

可以纵横大豪情的人，心中必有大寂静，不如此不足以养气。李白的才气浩荡，是一轮磅礴气场托起了卓绝才情，那些有才无气的人怎么可以比拟?

治世之音，养修之物

“古之学问为己，今之学问为人”，学琴同理，今天人们学琴，往往是学习一种演奏的技巧。而对古人来讲，弹琴更多的是对内心的安顿。

古人制琴，从构造上来说就包含着丰富的义理。北宋时期的朱长文所著《琴史》是现存最早的古琴专著，其中说，圣人制琴必要取象，要观象。古琴的琴面是隆起的，用以象天，因为天圆；琴底是方的，用以象地，因为地方。

“广其首，俯其肩”，头和肩的位置如同人体一样，方成天地人三才之义。

琴头隆起的部分叫“岳”“临岳”，如同崇山峻岭，可以演绎风雨意象。

古琴的腹内虚空，称为“池”或者“滨”，象征着江海的深邃幽远，可以蟠养灵物。

架着琴弦的地方叫“琴轸”，因为车轸可以行远途，可以负重量，形容志存高远。

缠着琴丝的地方叫“凤足”，有龙凤之相，象征着凤凰来仪。分布两边的叫“凤翅”，琴弦的末端叫“龙尾”，都是取祥瑞之意。

不大的一张古琴，将中国文化的所有义理都包含其中。上有天、下有地、中有人的情意流淌，组合在一起，形成了“合体全箱二足七弦十三徽”的完整样式。

唐代诗人刘长卿说：“泠泠七弦上，静听松风寒。”在琴弦上，是听不到太多热闹的，能听到的是松风过处的宁静，甚至是隐约风寒。我们今天的生活，热闹得未免过于喧嚣，能在喧嚣中听见清静的声音真是一种奢侈。由空寂至繁华，是大家的愿望，但在繁华之后，能回归到心灵的安静，也许是更为高级的一种向往。

苏东坡曾经在《送参寥师》中写道：“静故了群动，空故纳万境。”人为鼓琴时无问有人无人，常如长者在前，身须端直，且神鲜意闲，视专思静。

——吴澄《琴言十则》

琴有四美：一曰良质，二曰善斫，三曰妙指，四曰正心。四美既备，则为天下之善琴，而可以感格幽冥，充被万物

——朱长文《琴史》

什么需要听见安静的声音？是因为我们能在清静中懂得万物变化的义理，能在空明中接纳万物。想通过琴曲寻找内心的清净，陶冶个人情志，就要一个人独弹自听，从本意上讲，古琴并不适合在大庭广众之下演奏。

《琴史》上说琴有四美：一曰良质，材料一定要好；二曰善斫，工艺要精良；三曰妙指，弹琴的指法要精妙；四曰正心，弹琴、听琴是为了让人格更磊落光明，让你拥有一颗方正透彻的心。明太祖朱元璋之子朱权，编了一部名为《神奇秘谱》的古琴谱集，书中写道："然琴之为物，圣人制之，以正心术，导政事，和六气，调玉烛，实天地之灵气、太古之神物，乃中国圣人治世之音，君子养修之物。"可见，古琴功用在于怡养性情，不仅可以正心，还能修身、治世。琴音寂寂，往来古今，本为静心妙悟，似乎不为热闹的喝彩与掌声。

抚琴七忌，人生庄严

说到静穆，古人抚琴时还讲究"琴容"，要做到"定神绝虑，情意专注"，心神不定时不要弹琴。"无问有人无人，常如长者在前"，弹琴应有恭敬之心，即便身边空无一人，也要如同眼前有一位长者一样，肃穆谦和地弹

夫弹琴之甚病有七：弹琴之时，目睹于他，瞻顾左右，一也。摇身动首，二也。变色惭怍，开口怒目，三也。眼色疾遽，喘息粗悍，进退无度，形神支离，四也。不解用指，音韵杂乱，五也。调弦不切，听无真声，六也。调弄节奏，或慢或急，任己去古，七也。此皆所甚病，病去则可以为能也。观易简之意，亦可谓善其事者矣。

——朱长文《琴史》

奏。那份恭敬之心是以一己微躯面对苍天大地的。

其实，我们的生命本真中原来都有敬畏之心，只不过在现实压力下，被喧嚣忙碌淹没得太久，如果能借着琴声唤醒这份敬畏，或许可使我们的生命肃穆庄严，保持柔韧的美丽。

《琴史》中引用唐代贞观时的琴师薛易简的一段话，罗列出弹琴时切忌的七样毛病。

第一样，心思不定。弹琴时眼睛看着别处，左顾右盼。

第二样，摇头晃脑。人弹琴到情深之处，不自觉地前仰后合，会显得浮躁。

第三样，变言变色。弹琴时口出恶言，将心中的愤懑表现出来了。这样也不好，不符合心平气和的弹琴状态。

第四样，怒目横眉。眼中有凶气，喘气粗重，动作和神韵不协调，无法控制自己的情绪。

第五样，不解怎么用指，音韵非常杂乱。

第六样，不善调音调弦，弹出来的琴声不准。

第七样，节奏或急或慢，与曲子本来的古意相差甚远。

人生也是一架无弦琴，琴中大忌，往往也是生活之忌。

试想一想，无论是处理一件公务、写一篇文章，还是喝一杯清茶、读一本好书，是否都可以将其想象成是在抚琴澄心，以会妙意呢？

我们如今做事时，常常旁骛分心，常常喜形于色，又或常常患得患失，用弹琴或听琴的心涤荡一下躁气或戾气，渐渐地，也许可以从都市噪音之外静观聆听出天籁清越，自心中漾出大音希声。

琴声即心曲

同样爱琴的白居易曾写过一首《清夜琴兴》：

月出鸟栖尽，寂然坐空林。
是时心境闲，可以弹素琴。
清泠由木性，恬澹随人心。
心积和平气，木应正始音。
响余群动息，曲罢秋夜深。
正声感元化，天地清沉沉。

秋晚月出时分，众鸟归林栖息，一个人寂然独坐在空林中。这是心思最凝定的时刻，最美妙的事情就是抚琴。琴上的清泠是草木的本性，那种恬静一阴一阳之谓道，继之者善也，成之者性也。

——《周易·系辞》

淡泊也是人的本心。心平了，人静了，周围的树木随之感应。此刻弹出来的琴声，余响袅袅而动，一曲弹罢，秋夜更深，秋意更浓。这样的正声能够教化人心，天地之间更是清气沉沉。

今天的忙碌生活里，我们已经久违了月色。中国文化所谓“一阴一阳之谓道”，天地大道中有太阳之象，就有对应的太阴之象——月亮。可惜，我们今天在太阳下的时光很多，在月亮下的时光很少。

阳光下的生活往往是公众的，月光下的生活往往是私密的。阳光下，人们满怀激情，发愤进取，建功立业。月色下，有清冷光影，寂寥心情。阳光下，往往是众声喧哗，月色下，才能听见七弦琴上流淌着内心的声音。

现代城市的夜晚，往往是酒吧的世界，是宴席的天地，星星、月亮、林木、琴声……渐行渐远，即便依稀犹存，人们也越来越熟视无睹。

苏东坡曾说过，只有在万籁收声、天地清静时，才可以弹琴，此刻抒发寥寥千古之意，才有意绪回响。反之，也只有这样的琴韵陶冶，才能让人静下来，反视内心，听见内在真切的声音。

那么，琴声何来呢？在琴弦上吗？苏东坡问了一个有趣的问题：“若言琴上有琴声，放在匣中何不鸣？”如果说琴上有声音，将琴收在琴盒子里，还有声音吗？当然没有，是故琴声在手指上。

苏东坡又问：“若言声在指头上，何不于君指上听？”琴声如果在手指上，你怎么不在手指上听呢？

清夜无尘，月色如银。酒斟时，须满十分。浮名浮利，虚苦劳神。叹隙中驹，石中火，梦中身。

虽抱文章，开口谁亲。且陶陶、乐尽天真。几时归去，做个闲人。对一张琴，一壶酒，一溪云。

——苏轼《行香子·清夜无尘》

佛印（1032—1098年）

宋代云门宗僧，法号了元，字觉老。佛印与一般僧人不同，含容三教，其行动与思想具有强烈的世俗意识，甚至经常参加酒宴。宋代笔记小说中，常有佛印逸事记载。其与苏东坡的交往，留下了很多脍炙人口的故事。

这是一首颇有禅意的诗。琴声既不在弦上，也不在指间，而是在人心中。

我们常说，你的心态是什么样的，你看见的世界就会是什么样。

一次，苏东坡与好友佛印结伴出游，见到一间木工房，木工正拿着墨斗干活儿。佛印作了一首小诗："吾有两间房，一间赁与转轮王，有时放出一线路，天下邪魔不敢当。"墨斗线拉出来永远是笔直的，天下的妖魔都不敢抵挡。将墨斗喻为裁定正直、邪恶以及生死的地方。

苏东坡也来了兴致，赋诗一首："吾有一张琴，五条丝弦藏在腹，有时将来马上弹，尽出天下无声曲。"同样说的是墨斗，却将它比喻为一张琴，五条丝弦都藏在肚子里，想弹时就弹，弹的尽是人世间难以言说的委曲。

佛印之诗，体现了一个人的坚持和原则；苏东坡的诗则更多是诙谐和旷达。一个理性一个感性，两个比喻都非常形象。写的是同一样东西，却折射出两个人内心不同的镜像。

苏东坡的理想是什么呢？他希望自己一生"且陶陶、乐尽天真。几时归去，作个闲人。对一张琴、一壶酒、一溪云"。在世事红尘纷扰之中穿行而过，却依然保持生命本性的不更改，对着一张古琴、一溪云影、一壶清酒，乐尽天真。

其实，这也是古往今来爱音乐的人共同的理想境界。

琴声即心声，能把心中意绪准确地表达出来，甚至能够传递出超凡拔俗的强大力量。

琴声中力量最大的，莫过于大家熟知的“空城计”。三国争霸时，诸葛亮让马谡去镇守战略要地街亭，结果马谡却因为刚愎自用丢掉了街亭，随后，司马懿率十五万魏军直逼诸葛亮所在的西城。当时，诸葛亮身边没有一员武将，只有一帮文官，五千守军居然还有一半去运粮草了，几近一座空城。

诸葛亮用什么退兵？他命人把所有的军旗都收起来，然后把四个城门都打开，每个城门派出二十个士兵，装扮成老百姓洒水扫街。诸葛亮则身披鹤氅，一个人端坐城楼之上，手抚七弦琴。那份散淡，那份镇定，让司马懿止步不前，心生疑惑，认定城中必有雄师埋伏。

背倚一座空城，眼前万千敌兵，此时此刻，琴声就是诸葛亮心胸中的千军万马。一个人心思凝定时，琴中便可传递出磊落和从容，便可映衬出抚琴者的果敢无畏。

七弦为益友，两耳是知音

禅宗讲究“不立文字，直指人心”，弹琴的意趣在于寂寞中得到扶摇而起的欢欣，两者情理相通。

《伯牙心法》是明朝人杨抡所编的琴谱，为《太古遗音》之续编。收二十九曲，其中十一首为有词之曲。

对花弹琴，所对的定要是清雅之花，所以有《梅花三弄》。这是一首由笛曲改编成的琴曲，为人所熟知。《伯牙心法》一书中写道："梅为花之最清，琴为声之最清，以最清之声写最清之物，宜其有凌霜音韵也。"古琴是最清奇的乐器，而梅花又是花中最清奇的。以清奇之声写清奇之物，自然能成就千古清奇之音。

临水弹琴，也不是面对高山急流、瀑布轰鸣，而是置身于澄澈的池水、清丽的溪流。

焚香弹琴，必定要用烟轻、香微的沉香，而不能用躁腻、浓郁扑鼻的香。

对月弹琴，更是有讲究，须在一更之后、三更之前。因为一更依旧喧嚣，多了纷扰；三更之后，人已困倦，不能凝神；只有万籁俱静、心思宁静的二更，才是对月弄丝的最佳时刻。

以"诗佛"著称的王维，在《竹里馆》里写道：

独坐幽篁里，弹琴复长啸。
深林人不知，明月来相照。

一个人坐在深深竹林中弹琴，不需要人击节喝彩，不需要人逢迎恭维，只要明月穿过竹叶踩响琴弦，悠然心会，此一刻的妙趣已是最深的人生意趣所在。

“琴到无人听时工”的意思也是如此，无人听时，是琴曲最妙之处，全然超乎功利，才是弹琴人心思最定之时。

与琴相关的一切都是清洁的、寂寥的、含蓄的、典雅的，唯有如此，才能获得生命的感悟和宇宙的通灵。这是一种至高的审美情趣，是一个人与世界完全融合的绝佳意境。今人想要在俗世生活中寻找一些寄托，总是需要一些载体的。古琴就是最好的凭借。

幽静的古琴并不孤单，常常有诗、酒相伴，所以古人称诗、酒、琴为“文人三友”，彼此之间默契相通。

古人抱琴于山水之间，所谓“志在山水，琴表其情”，一方面感受大自然的山长水阔，一方面通过琴音表露内心情感。所谓“抚琴动操，欲令群山皆响”，就是凭琴声把自己带回自然之中，宛如赤子，聆听天地精神的动静。

今天的人们，眼观世界，可上天入地；往来穿梭，可一日千里。但是对自己的内心却时时感到陌生。如果真有一种琴声，引领你走向心灵深处，就请跟随它吧。不要小看了这一张琴，也许觉得琴声入心入怀时，眼睛和心底变得湿润，能一瞬间洞悉生命的真谛。

今天的人们，可以弹奏各种乐器，分享各种音乐，有了更多选择。如果能用古琴为引子，去感知天籁、聆听万物、触摸人心，那么无论听的是交响乐还是爵士乐，一如七弦和鸣，在乎高山，在乎流水，都能感动生命。

琴声能给自己一个安顿的理由。有音乐的人生是幸运的。

代后记

感悟生活智慧

——对话泽道法师

泽道法师，法名慧华，号圆定，沩仰宗第十世传人，武夷山天心永乐禅寺住持。现为福建省佛教协会副会长、南平市佛教协会会长。著有《禅释武夷山》《诗心与佛性》等作品，佛学造诣深厚。

代后记

感悟生活智慧

于丹： 今天是农历八月十五中秋节。值此佳节，有幸能与泽道法师进行一场特别的对话。我要特别感谢泽道师父，在您闭关期间有所打搅，实在是不恭敬。又让您舟车劳顿，更是愧疚。但是师父表示，其他事都可以放下，这次对话一定要来。在这个时刻对谈，听月观心，是与明月结缘。

泽道法师： 宋代理学家邵雍有一首《清夜吟》："月到天心处，风来水面时。一般清意味，料得少人知。"我平时就喜欢赏月，又是天心寺住持，所以一直对这首诗情有独钟。

于丹： 今天想来与您聊一聊，有一个缘起。我最近要出一本书，是关于中国人生活方式的。一直觉得师父是有大智慧之人，大家建议我与您对谈一次。

在这本书中，我写了几方面的内容。一是关于茶，关于中国人烹水饮茶的历史，引用了《茶经》上的一些典故，以及民间一些关于茶的传说。二是关于古琴，探讨琴在古人的生活中所起的作用，以及古人在琴中寻觅知音的缘由；分析"士无故不撤琴瑟"的历史由来，以及君子"制琴有术"的道理。通过琴与人的故事，挖掘古琴背后的义理。三是关于酒。此外，书中还写了山水。茶、酒、琴大多是室内小空间活动，人只有多亲山近水，才能有胸襟和眼界。

写了这么多，都是为了表达一个观点，即与古人相比，今天中国人的生活方式似乎少了一些情趣。我一直有一个困惑，感觉当下生活节奏越来越匆忙，生命中越来越缺乏仪式感。没有仪式感，人生就不庄严，心就不安静。

人是有动物性的。记得您以前讲过，《西游记》其实是讲人从兽性走向佛性的过程。唐僧不如任何一个徒弟有本事，但目标专一，所以修成了佛。在我看来，红尘是一道法门，法门之中，人心也希望向善，人生也希望美好，但是需要找到载体和路径。生活在一个热闹的时代里，如果不依赖某种仪式，人是很难沉静下来的。所以，我试图从中国人自有的生活方式中寻求一些富于情趣的形式，比如听琴、喝茶、游山历水，并以此作为每个人都可以企及的世俗的仪式。

此前讲《论语》《庄子》时，多是一些思想性的东西。我写这本书，则是希望把思想装在生活方式的载体里，让大家能够在具体的日常生活中得到感悟。可是，我对于自己想传递的信息是否准确、是否完整，也没有太多的把握，内心忐忑，希望能与您交流，求证于您。

泽道法师：于老师这么说，让我诚惶诚恐。

于丹：谈到中国人的生活方式，用一个字来概括，就是“快”，我们就从这个“快”字开始吧！

报纸杂志上经常出现一个词，叫“中国速度”。改革开放这三十多年，整个中国经历了一场真正的“大跃进”，社会政治、经济、文化经历了飞速的发展，大家都在提速、加速、超速，效率成为最令人嘉许的指标之一。

这样一定会出现问题的，而问题恰好就出现在“速度”上。今年发生的严重的“动车事故”，就是这种无止境的“快”造成的。事件发生后，大家开始反省与检查，将车速降了下来。儒家所谓“欲速则不达”，道家所谓“企者不立，跨者不行”，都是一个印证。“动车事故”绝非偶发事件，而是当下中国社会经济生活的一个缩影。也许在我们个人生活中，也到了该扪心自问的时候：速度就是一切吗？

其实大家已开始意识到速度的问题，2011年的“两会”上，中国政府正式提出了放低GDP增长的速度，提升国民幸福指数的口号。但对于许多个人来说，并没有意识到问题的严重性。

泽道法师：我经常对人讲，一定要相信科学，但不要太相信实验室。许多科学数据都是由实验室提供的，大部分科学都建立在这些数据上。我们要知道，实验室也是有制约的。科学也不能“迷信”，客观问题要客观分析，要实事求是。比如两部汽车，一部是奔驰，另一部是桑塔纳，一起在高速公路上行驶，桑塔纳根本无法与奔驰比。奔驰加到两百迈依然很稳当，桑塔纳超过一百二十迈就开始摇摇晃晃了。我们不是不追求速度，不要快，而是要知道，什么样的车能开什么样的速度。

于丹：我也常常想，一个短跑运动员，一次又一次挑战世界纪录，已经达到自己的极限了，如果还要求他创造新的纪录，唯一的办法就是服用兴奋剂了。人毕竟要受身体机能的制约，不服兴奋剂，怎么可能超越极限呢？机器虽然不需要服兴奋剂，但是不断超速也会同比增加风险，终究还是要付出代价的。"动车事故"就是一个例证。每个人，就像您刚才所比喻的，无论是奔驰、宝马，还是桑塔纳，毕竟是一辆车，超速行驶，也会出现追尾，导致车毁人亡的惨剧发生。人的欲念不降下来，速度也就降不下来。你不加速，别人就会在后面催促你、超越你。大家都在抱怨不够快，抱怨时间都耗在路上了。

在这本书里，我就是想和大家探讨，路上是有风景的。如果在人生的轨道上，你放慢一点速度，就能看到更多的美丽风景。所以，我特别选择从"速度"谈起，想听一听，以您的智慧来看今天，我们需要有什么样的心态，才能把生命的速度降下来呢？

泽道法师：人们惯常的看法认为，人之所以有烦恼，是由于欲望的膨胀。其实，每个人都有欲望，问题的关键是，这个欲望用什么来满足。你可能需要一部车子来装满它，可能要有一栋别墅来填充它，需要某种社会地位来衬托它。这些都是有形的，有形的必然都是有限的，但你的欲望是无穷的。用有限的资源去满足无穷的欲望，这个沟壑永远无法填满。所谓“欲壑难平”，就是这个意思。

反之，用无穷的欲望攫取有限的资源，人永远都在失望之中，所以大多数人就缺乏幸福感。幸福是一种感觉，但这个感觉是有基础的。基础是什么呢？就是需要先解决生存的问题，满足动物性的基本需求。人关于生活、生命、生死层面上的问题是无底的。幸福指数是物质与精神的统一平衡。也许你有一百万会觉得很快乐，他有五百万却十分焦虑，因为彼此对幸福的认知不同。

打个比方，第一个目标是赚到十万，一两年就达到了，高兴了三天，很快幸福感就消失了；第二个目标是赚一百万，三年又达到了；第三个目标是赚一千万，再过三年也达到了……就这样指标一直往上涨，越往上，速度越快，目标越高。就像爬山，越往上爬，看得越远，就越想往上爬。我们都称这是在不断超越，但是却超越了幸福，将许多人生快乐丢在脑后。

目标不断被超越，每超越一次都会感到幸福，但随后又消失了。那么是否有真正持久的幸福呢？有！就是你的能力能够配合你的欲望，满足你的欲望。一旦不配对，力不从心，烦恼就会跟随而来。这时，即便有一亿资产也不会幸福，因为心中的欲望是两亿。得到了两亿，同样也不会幸福，因为欲望变成了五亿。可是越往上越艰难，赚到五亿的概率越来越小，而且你的能力、智慧和福报都无法给你支持了。就像刚才所说的车，桑塔纳有极限，奔驰也是有极限的，极限到了，速度就再也上不去了。如果硬要提速，就会以生命做代价了。

想上上不去，想退又退不出，上上下下，几经折腾，屡战屡败，信心受挫，内心充满烦恼和苦闷，出现了这些问题，该怎么办呢？古人云：三十而立，四十而不惑，五十而知天命。每个阶段有每个阶段的使命。人到了不惑之年应该懂得自省，到了知天命之时应该懂得倾听内心。宁静才能致远。宁静也是资源，要根据自己的能力、智慧以及各种福德因缘，重新定位自己。多做减法，少做加法，将超速的念头和多余的欲望控制住。

企业和人一样，有迷惑之时，也有老化之时，需要修行，需要调整。放眼观世界，收眼了自身，做到统筹兼顾，平衡发展，让自己的欲望与个人能力相平衡，这就是佛家提倡的知足。知足就是欲望与能力的均衡。

于丹：在一个繁荣的时代里，在一个多元选择的时代里，每个人都有许多建功立业的梦想，都希望人生变得辉煌。我这里有一个真实的例子，来证明您刚才所说的观点。一位朋友，当他还是一个穷学生时，和女友一起用全部家当去创业。当时的目标就是赚到一百万就收手，开始享受生活。等赚到了一百万，又觉得有那么多机会，放弃了太可惜，于是目标变成了一千万。一直疲于奔命，忙于事业，结果夫妻感情出了问题，曾经的患难夫妻迫不得已劳燕分飞。离婚后，有了新的生活，又觉得在当今社会，一千万确实太少了，要让后半辈子过上衣食无忧的生活，至少得挣到五千万。很幸运，他居然也挣到了五千万，而且新娶的妻子又生了两个儿子，算是功德圆满了。但又一想，为了这一大家子，年轻太太的花销，孩子的成长、教育，自己的健康，没有一亿怎么能维持得了？结果挣到七八千万时，身体出了问题，四十多岁就猝死了。

这种情况在我们周围有很多，只是程度不同。个人的欲望、家庭的责任，让每个人都变得疲惫不堪。

我理解您刚才所讲的，彻底消除欲望是违背人性的，但欲望可以用理性去控制和判断，把自己的修养提升上来，将欲望降下来，让二者在一个适当的地方相逢。人如果不思进取，不奋斗，不努力，势必会辜负自己，辜负这个时代。进取与知足看似矛盾，实则是统一的，关键是如何达到一种平衡。幸福感就是一种平衡。

修养能让人有一种知足心，让欲望在某一个点上止步。有了知足心，就能看到当下的美，人的幸福感就会油然而生。“知足”和“止步”并非倒退，而是达到一定的程度，这个“度”很重要。

相比许多成功的企业家，有一个女孩更让我感动。她是我教的一位本科生，是全班最优秀的学生之一，开朗、漂亮，喜欢参加各种文娱活动。但是她患有先天性心脏病，读书期间也一直在治疗。她毕业后留在北京，在一家旅游杂志社工作，是一份很好的职业。她的文笔很好，又能到处采访。有一次，她回来采访我，师生相视而笑，有一种说不出的欣慰与感动。她每月都给我寄杂志，每次都用她娟秀的字体给我写一段话。以这个女孩的能力，我相信她未来一定有很好的发展。

就在前几天，我收到她一条很长的短信，她说：老师，我正坐在南下的车上给您写这条信息。我辞职了，决定到一个南方小城定居。原因有三：第一，这里有我爱的人；第二，会有一份稳定的工作；第三，这是一座我喜欢的城市。有这些就足够了。辞职时大家都挽留我，二十五六岁，正是如日中天的时候。但我很坚决，所以临走也未向您和同学们辞行。

读到这条短信，忽然觉得周围那么多的成功人士，如师父所讲的，都到了不惑和知天命的年龄，但对生活的领悟和理解，未必能赶上这个二十几岁的女孩子。她了解自己的身体，如果在北京继续打拼下去，结果不可预料。她知道珍惜当下，想与心爱的人一起生活。她去小城市，虽然没有北京那么多的机会，但也没有那么大的压力，也许能发现新的人生乐趣。

她是我的学生，在我眼里还是一个孩子，但她悟出了大智慧，可以成为许多人的榜样。她懂得如何将自己的生命速度降下来。如同师父所讲，提升自己的修养和降低自己的欲望，让它们在一个适当的高度相逢，然后平衡为一种新的生活。

什么是幸福生活？在我个人的理解中，幸福就是由状态平衡导致的心态平衡。并不要求哪一项指标特别高，但要保证任何指标都不要特别低。这个女孩已经将她的健康、爱情、工作和生活环境、生活成本都考虑进去了，不高，也都不低。

所以我认为，当下社会面临的一个重要问题，就是平衡问题，社会发展如何平衡，个人的生活如何平衡。

泽道法师：很赞同你的观点，在一个点上相遇、碰撞，然后达到平衡，这就是佛教所讲的知足常乐。这个知足常乐，不是不求进取，不是我有三餐、粗茶淡饭就足矣，而是要找到最适合自己的生活方式、生活环境。这需要综合考虑、考量。比如说，你的学生在北京一定能有所发展，但要拼命努力才能达到，可是她的身体有局限。而以她的能力和水平，放在一个小城市里面，就游刃有余。在大城市只是一颗星星，在小城市也许就是一轮圆月。两者之间的选择没有定论，要考虑自己的身体状况，也要考虑自己内心的追求，然后做出取舍。不该取时拼命想取，该舍时舍不下，这只会拖累你。

于丹：不舍不得。

泽道法师：有所得必有所失，有舍才能取。什么都想抓在手上，最后往往会付出代价的。

于丹：今天这个时代充满了机会，当然要去把握，每个人都要谋求自己的发展。但在追逐过程中，是否能偶尔停一停，放缓脚步，让心多一些松弛呢?

在这本书中，我提到了大文人李渔的一个故事。他在家乡浙江兰溪建有一座亭子，名叫“且停亭”，意指“暂且停一停，休息一下”。亭柱上有李渔题的一副对联——名乎利乎道路奔波休碌碌；来者往者溪山清静且停停。

他想劝诫世人，在为名为利的道路上忙忙碌碌，走到一个清静之地，不妨停一停，歇一歇。“亭”字加单立人为“停”。人在途中就是要赶路，自然没有错，但见到亭子要知道进去避一避雨，遮一遮阳，喝一口水，打一个盹儿。“亭子”能够提供的，就是给疲惫生活的人一个短暂的栖息地。

可惜的是，路边有很多“亭子”，人们却熟视无睹。

我写这本书，并非让大家放下所有工作，去享受闲情逸趣，而是希望在个人发展的路途中多一份心思，去发现路边的“亭子”，且停下来，听听琴，品品茶，观一眼山水，再继续步履轻盈地上路。

泽道法师：一涨一落，一盈一亏，都是自然规律，如同月亮的圆缺一样。如果每天抬头，看到的都是八月十五的圆月，也就没有今天普天之下赏月的盛况了。如果生活每天都如圆月一样饱满充实，人生也就少了许多乐趣。天地之美，在于它的阴晴有变，月亮之美就在于它圆缺有时。中秋月圆，往后就一点点亏蚀，似乎有些遗憾，但缺失也是一种美。一朵云彩飘过来，将月亮遮住了，若隐若现也是一种美。人生亦如此，会有波折，会有起伏，是一种循环，要学会自我调节。

于丹：是啊！中国人讲究阴阳平衡。太阳圆满、热烈，给人以进取心；月亮在朔望之间的盈亏不定、圆缺有时，却能给人以平常心。我们现在可以说是阳火太盛，被太阳照射太多，月亮底下的静思太少，所以不肯止步。

泽道法师：当下之人为何显得浮躁呢？根本原因就是小聪明太多，而没有大智慧，没有找到生命的价值和人生的意义。有形的物质需求满足之后，无形烦恼和纠结又涌上心头，情感得不到慰藉，心灵无所依托。有形和无形，有限和无限，理想和现实，该如何统一，如何得到升华？很少人去思考。

佛学常提到“无常”这个概念。一切都是无常的，就像月亮，今天圆满，明天就亏缺了。世事变化莫测，瞬息无常，以六根对外界的六尘，都不够圆满，除了这些，自己还需要培养一颗独立于天地之间、物化之外的心。无论你千变万化，上下更迭，我心始终都有航标，都有人生理想与目标。佛教讲的无常，其实一切都在变化之中，可我们的心不能随风飘扬，要有一个风向标，要有一个定海珠，要有一个指南针。

要清楚地认识到这种无常之有常，以不变应万变，准备好当变化的波涛涌来时，用什么来保持内心的平衡。

于丹：如何应对无常？东方智慧一直讲求“心”的修养。在这一点上，儒、道、释是完全相通的。儒家讲“日三省吾身”，通过反省观看自己的本心；道家讲“心斋”，讲“坐忘”，人一生的历程是“乘物以游心”，可以“心游万仞”，“独与天地精神往来”，这也是心的滋养；佛家讲通过“觉悟”看见自己的心。儒、道、释交集的点就是“养心”，以心应万变，应无常。当今时代，人的大脑足够发达，有许多聪明才智，但心不够通达。我们太信任理性逻辑，反而将心智的力量看低了。我一直想了解，如何才能提升心灵的力量呢？

人对时间的感受颇有意思。很多人对未来有十分清晰的规划，对过往的记忆如数家珍，清晰明了，唯独对当下是混沌的、茫然的。但是，时间就在混沌茫然中瞬息过去了，变成了一段记忆。如何能让大家珍惜当下，在人生匆忙劳顿、忧愁苦病中，保持一种平和的态度呢？

泽道法师：人应该有理想，有寄托，有信仰，或者培养一种良好的志趣。信仰可以有很多形式，可以信仰一种宗教，也可以信仰一句话，比如“发展是硬道理”或“善有善报，恶有恶报”。情趣也有很多种，譬如阅读、品茶、弹琴、练习字画，都可以是一种精神寄托。无论你信仰什么，或者培养了什么志趣，内心都会得到一种调整，都会从有限向无限发展。信仰是无限的，艺术也是无限的。人烦恼无助时，把心寄托给它，有什么痛苦，就可以与它对话了。

每个人寄托的对象不同，自我调适的方式也不一样。有的人烦恼了，弹一弹古琴调调性；有的人忧愁了，读一读书静静心；有的人痛苦了，会用忙碌的工作来填充自己，或者喝酒解压。寄托也有好坏之分，比如吸毒，就是坏的。

于丹：中国有十三亿人口，如此庞大繁杂的人群，有贫富之差，有地域之距，有老幼之分，有男女之别，如何找到一种简单的方式，让他们能有所寄托，能发现路边的亭子呢?

泽道法师：你可以信仰一种宗教，也可以信仰一个主义、一种主张，甚至信仰一种图腾、一个物件、一句话。这都是一种信仰。

于丹：从这个意义上来讲，对善良、公平、正义笃信不疑并且去身体力行，也是一种信仰，信仰人性中的良性价值。

泽道法师：但是有一点需要注意，一个物件、一句话，其思想体系是不完整的。比如说善恶，大部分中国人都有自己的善恶观，讲求做人要心地善良，“己所不欲，勿施于人”等，并且在日常生活中践行。但是，当一句话、一个物件不能降伏其心，不能驾驭烦恼时，又该如何呢？

这就需要更丰富的思想体系和更广大的智慧来支撑。所谓信仰，“信”就是相信，“仰”就是仰慕、崇拜。仰慕什么，崇拜什么，是值得思考的，是需要甄别的。

于丹：拜金就是崇拜了过于物质的东西。

泽道法师：这种崇拜是短暂的。真正的信仰要求终极，相伴终生。信仰可以是一种具象的偶像，但真正的信仰应该是信仰智慧，禅就是一种智慧。禅集儒释道三家精华，能让你从两极二元的思维模式中超越出来，是不二法门，是精神与物质的辩证统一。相信真知真见、正知正见，相信正确的世界观、价值观、方法论。不要迷信，更不要邪信。既要有科学的方法论，也要有哲学的辩证法。

一个人从生到死，从因到果，从起点到终点，从开始到结束，始终贯穿这个因果律。所以因果是符合科学方法论的。此因必须符合此果，此果必须追寻到此因，一因多果，一果多因，前因后果，因果循环。相信因果就是相信科学，相信因果就是相信智慧。一个人的智慧高低从某种程度上讲就是对因果的认知度。

很多人都相信当下的因果，对因果的追诉期认知不够。比如说建筑商承包建一栋房子，房子建好之后，通过验收，似乎和自己没有关系了。但是现在有关法律规定，承建商要在若干年内对这栋房子的质量和安全负责。有了这个追诉期，建筑商就要十分小心了，不能偷工减料，因为质量隐患会牵连他的人生。

因果追诉期的长短，会影响到人们对当下的认识。水域污染、环境污染的后果，可能要过了三五十年甚至更长的时间才能显现出来。但有因必有果，问题没有解决，就会一直跟随下去。

于丹：您讲到了一个当下和长久的关系。有长久的信念，当下就会笃定，心中就有底。当下许多人仓皇忙乱，只因对未来不明晰。

我们开始所谈的有关速度的话题也是如此。为什么要一直提速呢？是因为未来目标模糊，或者说，只有一个目标，没有过程，想一步就超越，就到达。没有过程的结果是不确定的，如果我们能看到过程中的意义，就会降低速度，从容赶路，享受过程的乐趣。

人们不愿意降低速度，是因为眼里只有终极目标。比如许多家长不断要求孩子参加各种补习班，目标只有一个，那就是考名牌大学。为了达到这个目标，在这个过程中，孩子和家长吃多少苦都认了。为了上名校，未来找一份好工作，将童年、少年时代所有的成长乐趣都放弃了。

人生之路，事业之路，不断提速，为了尽快达到目标，路边风景都被忽略掉了。但是，过程本身没有意义吗？

说一说对我自己启发很大的一段亲身经历。2010 年 4 月份，我去北欧讲学，本来应该从瑞典到挪威，再到芬兰，之后还要飞到希腊。结果在瑞典时，刚好遇到了火山爆发，所有航班都取消了。随后的行程就出现了问题。我问主办方，我们还去挪威吗？那边的演讲、采访活动都安排好了。他们说可以的，挪威和瑞典很近，坐飞机一个小时，坐火车也就七个小时。于是我们就改坐火车。火车启动之后，我惊讶地发现，自己像是穿行在一部风光纪录片里。我举着相机，左照照，右照照，眼睛忙不过来，手一直停不下来。

到了挪威，从首都奥斯陆到第二大城市卑尔根，又是七个小时的行程。我让当地的朋友买了一张地图。一到火车站，就在地图上画上一个圈，标上“早上 8 点 11 分从奥斯陆发车”，用相机拍下这个车站。一路往前走，一路拍风光，每停一个站就下去，拍一下站牌，在地图上画一个圈。刚刚穿过一个春光明媚的湖泊，忽然就到达一座零下二十几度的雪山，冒着寒冷冲下车拍照。刚刚跳上车，车门就关了，真是有惊无险。

在下午3点多钟璀璨的阳光中，列车轰鸣着到达了卑尔根。看着地图上被我画了那么多圈圈，标注了那么多时间，还有沿途的风光照片，我想，如果按照既定行程安排，怎么会有如此美妙的旅行呢？只是一个意外的火山爆发，航班停了，我才会改乘火车。之前如果有人说，你愿意用十四个小时的火车车程来替换两个小时的飞机行程吗？我一定会说，对不起，没有时间，我要赶路。但是这一次，我发现了坐车的乐趣。

到达卑尔根后，我们又被困住了。火山灰越来越严重，哪里都去不了。被取消了讲学活动的日子，忽然变成了大把奢华的流光。当地有一座叫弗洛伊的山峰，我就说，我们去爬山吧！当地陪我的人很奇怪，说这座山大家都是坐缆车上去的，我说没有关系，因为此时此刻的我有大把的时间！山上只有一条小路，我沿着溪水往上爬，走走停停，拍拍风景和路牌。就这样，本来乘缆车二十分钟就可以上去的山，我花了四个小时才爬到山顶，然后再沿着溪流坎坎坷坷地下到山脚。

那天朝晖夕阴，气象万千。一会儿是阴雨连绵，一会儿是阳光普照，都在游历中感受到了。当地有一种山妖吉祥物，山中随处可见它的雕像，咧着大嘴，竖着大耳，蓬头垢面的，但是非常可爱。我一路上闲闲的，几乎和大大小小每一座山妖像都拍了照。

回国后整理照片，回味无穷。我去过世界上不少地方，这次是最精彩的。就是因为这是一次被意外改变的行程，因为我有大把的时间，有空闲出来的心境，才有如此不一样的感受。

我们每天去一趟机场，看看航班什么时候能起飞。电视台记者扛着摄影机随机采访，抓拍到我，问我滞留在这里有什么感受。我说挺好。记者又问，你难道没有工作吗？我说，工作现在无法做了。他说，你为什么不着急？我说，知道着急没有用，就不妨把这段时间看作是一个特殊的假期。我给记者讲自己“度假”的感受，讲去过的峡湾，格里格的故居，爬过的山，吃过的奶油鱼汤，看维京人的木头房子，还讲到一座古老的教堂，上面有四条龙。

在大家的印象中，龙在西方是被妖魔化的。但在那座有500年历史的木质结构教堂里，居然刻有四条龙。不亲自到这里，怎么能知道呢？过去中国人都知道易卜生，到这里才知道他是如何写作的；中国人都了解格里格，到这里才知道他在哪里作曲；中国人都爱吃三文鱼，到这里才看见它们是如何被捕捉和加工的。突然在一个陌生的地方有了一些全新的人生体验，难道不是一个美好的假期吗？后来电视台报道说，一个中国作家在机场高调宣传了中国人的乐观哲学。

什么是当下之心？遇到了不可抗力，就焦虑、困扰吗？就疯狂地给不同的朋友打电话求救、诉苦吗？这次体验，就好比被迫进了一个亭子，让自己放松，且歇了一歇。

北欧之旅，因为有大把从容的时光，让我有机会改变一下自己的生活方式，让我有一种顿悟，且停一停竟然如此美好。原本时间表排得满满的，在瑞典一天要接受六个采访，还有大学演讲。到了挪威的卑尔根，我的朋友——胖胖的 Rune，每天早上过来接我，坐到车上第一句话就是：今天去哪儿？我说随便，他就拉着我们四处游玩。中午他又问：吃什么？我说随便，他就带我们去吃午饭。吃完午饭又去游玩，然后就是吃晚饭……很长时间，我一直都在追究生活的意义，但这一段日子毫无意义，却很有意思。

什么是生命的意境呢？就是意义和意思的匹配。当然，如果被困上一两个月，我也会觉得单调无趣，但恰好是一周。一周之后，我又可以回来继续寻找自己的意义。

如果不借助外在的力量，不受客观条件的制约，我们是否也愿意让自己停留下来，给自己一次享受过程美景的机会呢？

泽道法师：有人问，平常人的幸福在哪里？我对他们说：在平常心。有平常心才能享受平常人的幸福。平凡人无法享受平凡的生活，只有不平凡的人才能享受平凡的幸福。

有这样一个故事，一名大学生到乡下写生。时值秋收，看到农民收割稻子，一垄垄、一道道，斜阳远眺，他拿起画笔，内心充满了欢悦。一位老农挑着稻谷走过，他说，老人家，你真是太幸福了。老农说，我都快累死了，有什么幸福？

这就是两种不同的心境。平凡人总为生病、工作、孩子升学而担忧，根本无法体会日常生活细节的快乐，也就享受不到平凡的幸福。只有提升到不平凡的境界，懂得以平常心处世时，内心才会变得饱满，才会幸福泰然。

于丹：我们大多数都是平凡之人。在我们平凡的生活里，大家都承担着许多责任，有工作，有家庭，总是忙忙碌碌的。如何才能用一种从容之心，去体会平凡之中的快乐呢？

我曾经遇到过一个很有意思的出租车司机。一年冬天，我外出打车，司机师傅很是彬彬有礼，上车后发现车内干净整洁。行车时听见有蛐蛐的叫声。我问司机，大冬天车里怎么会有蛐蛐叫？他就从怀里掏出一个蛐蛐罐给我看。是一个漂亮的葫芦罐，金属口罩着丝网，里面有一只眼如蓝宝石的大蛐蛐，身形漂亮，叫声响亮。他说，这是我的灵物，晚上睡觉带在身上，出车也带在身上。每天能听见它的叫声，心里就很快乐。接着他又递过来两个核桃，色泽幽红，像雕刻出来的漆雕核桃，底平顶尖，很是漂亮。他说，这样的核桃我有十二个，每个核桃我都用小木头块做了一个座儿，搁在家里，不时拿出两个把玩。一路上，他又和我讲了许多他种花养草之事。他的种种爱好都不奢侈昂贵，但却乐趣盎然。我对他表示钦佩，他谦虚地说，我就是一个开出租车的，文化程度不高，就是想过得快乐一点，让日子多一点乐趣。我遇到堵车不烦，拉不到客人也不恼，因为有这些东西陪着我。

他的话让我深思，一个最最普通的草根百姓，在平凡日子里平凡地劳碌，却不失乐趣。而这正是我所追求的一种生活境界。但是，大多数时候，我坐出租车时听到的都是抱怨：车份儿钱增加了，收入低了，干这一行多么辛苦……那位养蛐蛐的出租司机面对的是同样的处境，却没有抱怨，为什么会如此不同呢？

泽道法师：我们刚才讲的，还是要回归到心。用什么来养这个心？是用汽车来养，用书本来养，还是用性情来养？每个人养心的东西不一样，寄托物不一样。总之，这个养心之物，要容易获得，而且成本要最低。

于丹：说得真好。成本要最低！

泽道法师：因为成本低，所以容易找。像刚才你所举的那个例子，核桃能花多少钱呢？花不了多少钱！但是能够养你的心。要是用豪华汽车来养就麻烦了，一种档次的汽车玩厌了，就想要更高级的汽车；用别墅来养也是可怕，因为别墅也要养，住别墅要养别墅；用名利来养心，就更是没完没了。

养心的方式有很多种，诗歌、绘画、阅读……都可以用来养心。买几本书花费不了多少钱，练习书法也花不了几块钱，学唱几个小曲不需要花多少钱，但都可以养好心。

于丹：苏东坡在《前赤壁赋》中写道：“唯江上之清风，与山间之明月，耳得之而为声，目遇之而成色。取之无禁，用之不竭。是造物者之无尽藏也，而吾与子之所共适。”明月清风，也许就是您说的这种成本最低的“养心之物”，成本最低的东西是世界上最常见的。

喝酒不一定要喝最贵的。白酒中的茅台，红酒里的拉菲，一瓶动辄几千上万，但是未必能养心。喝茶也未必要最好的，关键是要学会品味，才能滋养心。明月清风是最好的滋养品。我在书中写看山观水、烹水煮茶、听琴辨音，就是要让人们找到一个最低成本的养心方法。

泽道法师：此外，有形和无形的关系，有和无的关系，远和近的关系，也是十分重要的。你寻找的东西太远了，不适合，成本太高；太近了，天天看也会厌倦的。最好是远在天边，要有所企望；又要近在眼前，触手可及。

于丹：月亮正是生命中可远可近的东西。抬头仰望，可以进到你的心里，可要去追逐，则遥不可及。

泽道法师：我曾经在苏州住过很长一段时间。苏州灵岩山上有一座馆娃宫，是春秋时期吴王夫差为宠妃西施所建。西施是中国古代四大美女之一，本是越国人。吴越争霸，越王勾践失败后，听从大夫范蠡的计策，将西施送入吴王的宫中做卧底，也就是今天人们讲的“潜伏”，西施就是“潜伏”的祖师爷。既然受命于越国，自然要千方百计折腾吴国。但是吴王特别喜欢她，为她在馆娃宫中修建了赏月亭、玩月池。

传说有一年八月十五中秋赏月，西施突然向吴王提了一个请求，说月亮太遥远，自己整天抬头赏月，很累很辛苦，有没有办法不用抬头也能见到月亮？吴王说，好，我去问一问大家。第二天吴王就此事询问大臣。一位大臣出了一个主意：挖池引月，种竹引风。于是就挖了玩月池。这样西施抬头看月，低头也能见月了。过了一段时间，西施又不满意了，对吴王说：有没有办法将天上的月亮抓在手上呢？吴王于是又召集大臣想主意。一位大臣出了个点子，叫“掬水月在手，弄花香满衣”，把池水捧在手中，月亮不就映照在手上了吗？

于丹：这个故事比喻得好。人们欣赏美好的生活，总觉得很遥远，但若能找到一个引月在手的办法，不就离自己很近了吗？事实上，在我们羡慕别人生活的时候，别人也在欣赏我们的生活。

我曾经读过一个有趣的故事。有一个牧羊人，每天都在河边放羊，他衣衫褴褛，日子过得很艰苦。每天傍晚，他都坐在河边眺望远处一座金灿灿的房子，想象着房子里住的人，过的奢华的生活。

这个想法一直诱惑着他。终于有一天，他决定去看看那座房子。他朝那座房子走去，一直走到第二天清晨才到达。他环顾四周，一片荒凉，只有一座破破烂烂的房子孤零零地矗立在那里。他走进房子，见里面有一个人正在劈柴。他问道，这附近那座金灿灿的房子呢？那人回答道，方圆十几里地只有我这座房子啊，哪有什么金房子？牧羊人说，不可能，我每天傍晚都看见一座美丽的金房子浮现出来。听到这话，那个人诧异地问道，你从哪里来？牧羊人指了自己来的方向。那个人说，你找错了，那个方向才是幸福之邦，我每天清晨都在这里眺望，看见一条金色的河流。那里应该是幸福之河啊！不信你看——牧羊人抬头一看，不禁瞠目结舌，在晨曦之中的确有一条金光闪闪的河流。

牧羊人恍然大悟，河流依然是那条河流，房子依然是现在这所房子，不过是阳光和他开了个玩笑——朝阳升起时，河流映成金色；夕阳西下时，房子染上了金色。这正是我们今天许多人生活的写照。距离产生美，身在其中才知其味。人不能总是羡慕别人的生活，而是要从身边寻找，找到最低成本的方式来滋养自己的身心。

泽道法师：这就是我们经常讲的“活在当下”。寻求快乐有两种渠道，一个是向外，一个是向内。向外求索，能不能获得快乐？当然能够。但是，快乐成本太高，代价太大，而且是短暂的。如果你掉转方向，向自己的内心寻找，就会发现，其实每个人内心都有一道道美丽的风景。

我们常说心路历程，但这一路上的景致却少有人关注。我们早已习惯向外，就像我们的眼睛，长出来就是向外的，耳朵听的是外面的声音，鼻子闻到的是外面的花香……总之，我们的感官都是向外的。什么时候能够将眼光折返回来，观照内心，将心灵之门打开，就会发现风景更胜，更为无限。无限风光在心中。

于丹：相信内心有无尽的风景，并且不断在创造，这个过程就是一条心路。

泽道法师：你刚才讲到那位出租车司机手中的核桃。核桃是物质的，但用心去打磨时，就会发现此核桃已非彼核桃了。核桃已经超越原来的物质有限性，变得无限了。它的无限就是在磨者的心。

于丹：心在核桃上。

泽道法师：我们每天磨核桃，核桃每天都会变化。这种变化是无限的。

生命中，一定要找一个无限的东西，才能支撑我们的心灵。艺术能有止境吗？当然不能，任何人都不敢说自己的艺术造诣已登峰极顶了。极顶了的东西，是无法承载个人的欲望，填满个人的内心的。我们寻找的东西一定要有张力，似有似无，既远又近，才能与人心相配。

生命有限，理想无限；资源有限，精神无限；个人有限，众人无限；生命无常，国运无疆。我们要在这些有限和无限之间获得平衡。

于丹：每个人都能在自己的内心中，找到这样一种有限中的无限，找到一些有形的载体，来承载无限的心性。亭子是有形的，但穿过亭子的清风明月是无边的，是可延展的。一杯茶是有形的，但喝茶时那种“人归草木之间”的感觉是无限的。琴是有形的，曲是有长度的，但曲中的境界却是无穷无尽的。学会内观，就能将这颗心调出来。

心的力量，可以与头脑的力量构成一种平衡。头脑给我们理性，帮助我们抉择，帮助我们做判断；心则给我们信念，让我们有幸福感。头脑决定了意义，心灵带来意思。当意义和意思相遇并且平衡时，生命的意境就产生了。

泽道法师：对。丰富的是人生经历，与经历相伴的是心灵的感悟。

你书中所讲的几个方面，比如琴与茶，都很好。我常和大家谈茶。茶这个东西，可以无限地放大，也可以无限地缩小，将它当作山野就是山野，当作文化就是文化，当作道就是道，当作精神就是精神。泡一壶茶，一两个人，娓娓道来，与茶对话，就会发现茶中有无限的语言。

茶道中有种说法叫“一息尚存”，茶采下来就与母体分离了，要经过发酵、晒青、蒸青、烘焙等工序，再压成条，然后封存起来，不让它呼吸。其他东西经得起如此折腾吗？但茶可以，并且“一息尚存”。将茶放入壶中，用开水冲泡后，茶好像又复活了。辨别茶的好坏有一个标准，就是泡下去之后，还有一点点绿色素，说明茶“一息尚存”，还有生命。如果茶泡下去毫无生色，那就只是茶的“尸体”了。

于丹：微妙就在于“一息尚存”。

泽道法师：制茶、泡茶、品茶，也是在学佛。学佛就是学“活”，生活的“活”。生活、干活、灵活，都是活。很多人学佛之后就不会生活了，变得枯燥、呆板了，这就是没有领悟真谛。事实上，世间任何一件事，都与“活”有关，比如炒菜，能不能炒得鲜美，全在一个“活”字。

于丹：是的，任何事情都要讲“活”字，比如普洱茶，我喝过八九十年的陈年普洱。尘封如此之久，在紫砂小壶里冲泡开之后，依然是“活”的。

泽道法师：紫砂壶也要养，用心才能把壶养活，养得光润通透。

于丹：珠圆玉润一般。

泽道法师：用道德养，用智慧养，用文化养，用艺术养，养的方式不一样，结果也是不一样的。譬如紫砂壶，养过之后，包浆出来，壶就好像有了生命力。比如佛珠，为什么会闪闪发光？也是养出来的。普通的木头，寻常的玉石，不断地养，就能养出生命来。

于丹：这就是佛家所谓的万物有灵。万物皆有灵性，要看我们是否用心对待。如果我们用生命去滋养，就会遇见生命所对应的信息。

泽道法师：串珠戴在手上，常会看到变化。每天有变化，每月有变化，每年有变化，总是在变化。为什么会变化呢？因为它和你的生命合而为一了。

于丹：一串佛珠，一个核桃，一把紫砂壶，所有的一切都有灵性。人心的灵性如果能够转移到物上，物就被激活了。如此看来，世间有多少生命和性灵陪伴着我们？一个人的生命有限，但是，如果我们学会养壶、养琴、养核桃、养世间万物，个人生命的延伸就变得无边无际了。

生活需要载体，生命需要契机。所以要特别与师父进行这场对话，作为新书的后记。我想用这本新书，触摸传统文化中一些有形的载体，让更多的朋友身处其中，去感受无形、无限的体验。

2011 年中秋夜

于江西宜春

铁葫芦